智能制造系列教材

绿色设计

GREEN DESIGN

张雷　刘志峰　鲍宏　李磊　编著

清華大學出版社
北京

图书在版编目(CIP)数据

绿色设计/张雷等编著.—北京：清华大学出版社，2022.10
智能制造系列教材
ISBN 978-7-302-61853-9

Ⅰ.①绿…　Ⅱ.①张…　Ⅲ.①产品设计—教材　Ⅳ.①TB472

中国版本图书馆 CIP 数据核字(2022)第 174301 号

责任编辑：刘　杨
封面设计：李召霞
责任校对：赵丽敏
责任印制：曹婉颖

出版发行：清华大学出版社
　　网　　址：http://www.tup.com.cn，http://www.wqbook.com
　　地　　址：北京清华大学学研大厦 A 座　　**邮　　编**：100084
　　社 总 机：010-83470000　　**邮　　购**：010-62786544
　　投稿与读者服务：010-62776969，c-service@tup.tsinghua.edu.cn
　　质量反馈：010-62772015，zhiliang@tup.tsinghua.edu.cn
印 装 者：北京嘉实印刷有限公司
经　　销：全国新华书店
开　　本：170mm×240mm　　**印　张**：10.75　　**字　　数**：215 千字
版　　次：2022 年 12 月第 1 版　　**印　　次**：2022 年 12 月第1 次印刷
定　　价：35.00 元

产品编号：090010-01

智能制造系列教材编审委员会

丛书序1

FOREWORD

多年前人们就感叹，人类已进入互联网时代；近些年人们又惊叹，社会步入物联网时代。牛津大学教授舍恩伯格（Viktor Mayer-Schönberger）心目中大数据时代最大的转变，就是放弃对因果关系的渴求，转而关注相关关系。人工智能则像一个幽灵徘徊在各个领域，兴奋、疑惑、不安等情绪分别蔓延在不同的业界人士中间。今天，5G的出现使得作为整个社会神经系统的互联网和物联网更加敏捷，使得宛如社会血液的数据更富有生命力，自然也使得人工智能未来能在某些局部领域扮演超级脑力的作用。于是，人们惊呼数字经济的来临，憧憬智慧城市、智慧社会的到来，人们还想象着虚拟世界与现实世界、数字世界与物理世界的融合。这真是一个令人咋舌的时代！

但如果真以为未来经济就"数字"了，以为传统工业就"夕阳"了，那可以说我们就真正迷失在"数字"里了。人类的生命及其社会活动更多地依赖物质需求，除非未来人类生命形态真的变成"数字生命"了，不用说维系生命的食物之类的物质，就连"互联""数据""智能"等这些满足人类高级需求的功能也得依赖物理装备。所以，人类最基本的活动便是把物质变成有用的东西——制造！无论是互联网、物联网、大数据、人工智能，还是数字经济、数字社会，都应该落脚在制造上，而且制造是其应用的最大领域。

前些年，我国把智能制造作为制造强国战略的主攻方向，即便从世界上看，也是有先见之明的。在强国战略的推动下，少数推行智能制造的企业取得了明显效益，更多企业对智能制造的需求日盛。在这样的背景下，很多学校成立了智能制造等新专业（其中有教育部的推动作用）。尽管一窝蜂地开办智能制造专业未必是一个好现象，但智能制造的相关教材对于高等院校与制造关联的专业（如机械、材料、能源动力、工业工程、计算机、控制、管理……）都是刚性需求，只是侧重点不一。

教育部高等学校机械类专业教学指导委员会（以下简称"教指委"）不失时机地发起编著这套智能制造系列教材。在教指委的推动和清华大学出版社的组织下，系列教材编委会认真思考，在2020年新型冠状病毒肺炎疫情正盛之时即视频讨论，其后教材的编写和出版工作有序进行。

本系列教材的基本思想是为智能制造专业以及与制造相关的专业提供有关智能制造的学习教材，当然也可以作为企业相关的工程师和管理人员学习和培训之用。系列教材包括主干教材和模块单元教材，可满足智能制造相关专业的基础课和专业课的需求。

主干课程教材，即《智能制造概论》《智能制造装备基础》《工业互联网基础》《数据技术基础》《制造智能技术基础》，可以使学生或工程师对智能制造有基本的认识。其中，《智能制造概论》教材给读者一个智能制造的概貌，不仅概述智能制造系统的构成，而且还详细介绍智能制造的理念、意识和思维，有利于读者领悟智能制造的真谛。其他几本教材分别论及智能制造系统的“躯干”“神经”“血液”“大脑”。对于智能制造专业的学生而言，应该尽可能必修主干课程。如此配置的主干课程教材应该是此系列教材的特点之一。

特点之二在于配合“微课程”而设计的模块单元教材。智能制造的知识体系极为庞杂，几乎所有的数字-智能技术和制造领域的新技术都和智能制造有关。不仅涉及人工智能、大数据、物联网、5G、VR/AR、机器人、增材制造(3D打印)等热门技术，而且像区块链、边缘计算、知识工程、数字孪生等前沿技术都有相应的模块单元介绍。这套系列教材中的模块单元差不多成了智能制造的知识百科。学校可以基于模块单元教材开出微课程(1学分)，供学生选修。

特点之三在于模块单元教材可以根据各个学校或者专业的需要拼合成不同的课程教材，列举如下。

#课程例1——“智能产品开发”(3学分)，内容选自模块：

➢ 优化设计
➢ 智能工艺设计
➢ 绿色设计
➢ 可重用设计
➢ 多领域物理建模
➢ 知识工程
➢ 群体智能
➢ 工业互联网平台(协同设计，用户体验……)

#课程例2——“服务制造”(3学分)，内容选自模块：

➢ 传感与测量技术
➢ 工业物联网
➢ 移动通信
➢ 大数据基础
➢ 工业互联网平台
➢ 智能运维与健康管理

#课程例3——“智能车间与工厂”(3学分)，内容选自模块：

➢ 智能工艺设计
➢ 智能装配工艺

- 传感与测量技术
- 智能数控
- 工业机器人
- 协作机器人
- 智能调度
- 制造执行系统(MES)
- 制造质量控制

总之,模块单元教材可以组成诸多可能的课程教材,还有如“机器人及智能制造应用”“大批量定制生产”等。

此外,编委会还强调应突出知识的节点及其关联,这也是此系列教材的特点。关联不仅体现在某一课程的知识节点之间,也表现在不同课程的知识节点之间。这对于读者掌握知识要点且从整体联系上把握智能制造无疑是非常重要的。

此系列教材的编著者多为中青年教授,教材内容体现了他们对前沿技术的敏感和在一线的研发实践的经验。无论在与部分作者交流讨论的过程中,还是通过对部分文稿的浏览,笔者都感受到他们较好的理论功底和工程能力。感谢他们对这套系列教材的贡献。

衷心感谢机械教指委和清华大学出版社对此系列教材编写工作的组织和指导。感谢庄红权先生和张秋玲女士,他们卓越的组织能力、在教材出版方面的经验、对智能制造的敏锐是这套系列教材得以顺利出版的最重要因素。

希望这套教材在庞大的中国制造业推进智能制造的过程中能够发挥“系列”的作用!

2021 年 1 月

丛书序2

FOREWORD

制造业是立国之本，是打造国家竞争能力和竞争优势的主要支撑，历来受到各国政府的高度重视。而新一代人工智能与先进制造深度融合形成的智能制造技术，正在成为新一轮工业革命的核心驱动力。为抢占国际竞争的制高点，在全球产业链和价值链中占据有利位置，世界各国纷纷将智能制造的发展上升为国家战略，全球新一轮工业升级和竞争就此拉开序幕。

近年来，美国、德国、日本等制造强国纷纷提出新的国家制造业发展计划。无论是美国的"工业互联网"、德国的"工业 4.0"，还是日本的"智能制造系统"，都是根据各自国情为本国工业制定的系统性规划。作为世界制造大国，我国也把智能制造作为制造强国战略的主攻方向，于 2015 年提出了《中国制造 2025》，这是全面推进实施制造强国建设的引领性文件，也是中国建设制造强国的第一个十年行动纲领。推进建设制造强国，加快发展先进制造业，促进产业迈向全球价值链中高端，培育若干世界级先进制造业集群，已经成为全国上下的广泛共识。可以预见，随着智能制造在全球范围内的孕育兴起，全球产业分工格局将受到新的洗礼和重塑，中国制造业也将迎来千载难逢的历史性机遇。

无论是开拓智能制造领域的科技创新，还是推动智能制造产业的持续发展，都需要高素质人才作为保障，创新人才是支撑智能制造技术发展的第一资源。高等工程教育如何在这场技术变革乃至工业革命中履行新的使命和担当，为我国制造企业转型升级培养一大批高素质专门人才，是摆在我们面前的一项重大任务和课题。我们高兴地看到，我国智能制造工程人才培养日益受到高度重视，各高校都纷纷把智能制造工程教育作为制造工程乃至机械工程教育创新发展的突破口，全面更新教育教学观念，深化知识体系和教学内容改革，推动教学方法创新，我国智能制造工程教育正在步入一个新的发展时期。

当今世界正处于以数字化、网络化、智能化为主要特征的第四次工业革命的起点，正面临百年未有之大变局。工程教育需要适应科技、产业和社会快速发展的步伐，需要有新的思维、理解和变革。新一代智能技术的发展和全球产业分工合作的新变化，必将影响几乎所有学科领域的研究工作、技术解决方案和模式创新。人工智能与学科专业的深度融合、跨学科网络以及合作模式的扁平化，甚至可能会消除某些工程领域学科专业的划分。科学、技术、经济和社会文化的深度交融，使人们可以充分使用便捷的软件、工具、设备和系统，彻底改变或颠覆设计、制造、销售、服务和消费方式。因此，工程教育特别是机械工程教育应当更加具有前瞻性、创新性、开放性和多样性，应当更加注重与世界、社会和产业的联系，为服务我国新的"两步走"宏伟愿景作出更大贡献，为实现联合国可持续发展目标发挥关键性引领作用。

需要指出的是，关于智能制造工程人才培养模式和知识体系，社会和学界存在多种看法，许多高校都在进行积极探索，最终的共识将会在改革实践中逐步形成。我们认为，智能制造的主体是制造，赋能是靠智能，要借助数字化、网络化和智能化的力量，通过制造这一载体把物质转化成具有特定形态的产品(或服务)，关键在于智能技术与制造技术的深度融合。正如李培根院士在本系列教材总序中所强调的，对于智能制造而言，"无论是互联网、物联网、大数据、人工智能，还是数字经济、数字社会，都应该落脚在制造上"。

经过前期大量的准备工作，经李培根院士倡议，教育部高等学校机械类专业教学指导委员会(以下简称"教指委")课程建设与师资培训工作组联合清华大学出版社，策划和组织了这套面向智能制造工程教育及其他相关领域人才培养的本科教材。由李培根院士和雒建斌院士为主任、部分教指委委员及主干教材主编为委员，组成了智能制造系列教材编审委员会，协同推进系列教材的编写。

考虑到智能制造技术的特点、学科专业特色以及不同类别高校的培养需求，本套教材开创性地构建了一个"柔性"培养框架：在顶层架构上，采用"主干课教材＋专业模块教材"的方式，既强调了智能制造工程人才培养必须掌握的核心内容(以主干课教材的形式呈现)，又给不同高校最大程度的灵活选用空间(不同模块教材可以组合)；在内容安排上，注重培养学生有关智能制造的理念、能力和思维方式，不局限于技术细节的讲述和理论知识推导；在出版形式上，采用"纸质内容＋数字内容"相融合的方式，"数字内容"通过纸质图书中镶嵌的二维码予以链接，扩充和强化同纸质图书中的内容呼应，给读者提供更多的知识和选择。同时，在教指委课程建设与师资培训工作组的指导下，开展了新工科研究与实践项目的具体实施，梳理了智能制造方向的知识体系和课程设计，作为整套系列教材规划设计的基础，供相关院校参考使用。

这套教材凝聚了李培根院士、雒建斌院士以及所有作者的心血和智慧，是我国智能制造工程本科教育知识体系的一次系统梳理和全面总结，我谨代表教育部机械类专业教学指导委员会向他们致以崇高的敬意！

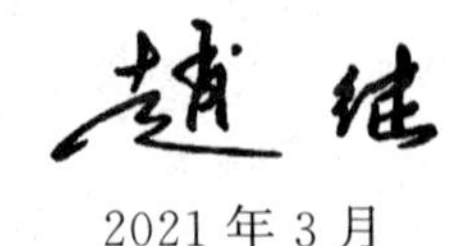

2021年3月

前言

PREFACE

随着全球新一轮科技革命和产业变革的突飞猛进，新一代信息通信、生物、新材料、新能源等技术不断突破，并与先进制造技术加速融合，为制造业高端化、智能化、绿色化提供了历史机遇。站在新一轮科技革命和产业变革与我国加快高质量发展的历史性交汇点，要坚定不移地以智能制造为制造强国建设的主攻方向，提高质量、效率效益，减少资源能源消耗，助力碳达峰、碳中和，促进我国制造业迈向全球价值链中高端。推行绿色制造与设计，是发展智能制造战略的"题中之意"。

在党的十八届五中全会上，习近平总书记提出"创新、协调、绿色、开放、共享"五大发展理念；2021年9月，中共中央、国务院正式公布《关于完整准确全面贯彻新发展理念做好碳达峰碳中和工作的意见》，力争"2030年前实现碳达峰、2060年前实现碳中和"；党的二十大报告指出："协同推进降碳、减污、扩绿、增长，推进生态优先、节约集约、绿色低碳发展。"这标志着在制造业实施绿色制造，对产品进行绿色设计，已成为我国在制造领域的重要决策。

青山绿水就是金山银山的可持续发展理念已深入人心，经济社会亟待绿色转型，国家和政府越来越重视绿色发展，有关绿色制造相关课程教学研究也逐渐兴起。绿色制造课程建设必将成为我国高等工程教育的发展趋势，绿色制造通用知识与能力也将成为促进社会发展转型所必需的工程素质之一。绿色设计作为推动绿色发展的重要措施，是解决生产供给与环境资源矛盾的钥匙，开展绿色设计课程教学以及配套教材的编写，是智能制造相关专业人才培养体系的重要环节。

目前国内很多高校成立了智能制造等新专业，智能制造系列教材对于高校与制造相关的专业而言也是刚性需求，绿色设计作为智能制造系列模块单元教材，可满足智能制造相关专业的专业课需求。因此，作者在多年从事绿色设计理论和工程应用研究的基础上，根据智能制造相关专业本科生教学需要，从提升产品的功能使用及其绿色性能的实用性设计层次和产品设计流程出发，编著了本书。

本书共分为6章。

第1章介绍了绿色设计的必要性、概念、内涵、特点、研究与应用现状以及绿色设计的实施过程与步骤等。

第2章介绍了绿色产品概念设计的特点和过程，并重点阐述了绿色产品需求分析、绿色产品方案设计等关键技术。

第3章对绿色产品详细设计内容进行了阐述，包括材料选择、面向节能的设计、低碳设计、易拆解设计和可回收设计等。

第4章讲述了产品绿色设计中的生命周期评价方法，主要介绍了生命周期评价方法在产品绿色设计中的应用、产品生命周期评价应用案例，并对常用的生命周期评价软件进行了初步介绍。

第5章对绿色设计知识支撑技术的关键技术进行了初步介绍，包含绿色设计知识表达、重用、推送等，并以某汽车品牌前端模块的前端模块为例，对所提出的绿色设计知识推送机制进行了验证。

第6章以洗碗机为绿色设计实例，对绿色设计的具体实施过程进行了详细分析与验证。

本书可作为高等院校智能制造、机电工程及相关专业的高年级本科生或研究生教材，也可供从事绿色设计的科技人员参考。

张雷教授构思了全书的结构和大纲，书中第1、2、5章由张雷教授撰写，第3章由刘志峰教授撰写，鲍宏副教授撰写了第4、6章，3.2.2节由李磊博士撰写。

由于作者水平有限，书中难免有错误和不妥之处，恳请广大读者批评指正。

作　者

2022年11月

目录

CONTENTS

第1章

绿色设计简介

在漫长的人类社会发展史中，制造业的快速发展一方面为人类创造了丰富的物质财富和优越的生活环境，另一方面也加速了资源和能源的消耗，并对地球的生态平衡造成了极大的破坏，如温室效应、大气污染、水源污染、水土流失、土地沙化等。根据全球主要石油公司和国际能源机构——埃克森美孚公司、英国石油公司(BP)、荷兰皇家壳牌集团(RDS)、中国石油天然气集团有限公司(CNPC)、国际能源署(IEA)、美国能源信息署(EIA)和石油输出国组织(OPEC)历年所发布的世界能源展望报告，总体上到2030年为止，世界能源发展的格局仍然不会发生大变化，石油、天然气、煤炭等化石能源仍将占据世界能源消费结构的主体，占全球能源消费总量的80%左右，而这些能源都属于用之即少的耗竭性能源[1]。另外，国内重要矿产资源产量、消费量近十年来快速增长，且未来将持续保持高增长态势，而国内资源储量却增长缓慢，供需矛盾凸显[2]。如何在有限的资源、能源以及环境承载能力的约束下探索出一条制造业持续健康发展的道路，是当前全球各国共同关注的焦点。为此，全球工业产品的设计师在产品设计之初就应该充分考虑资源、能源和环境问题，从源头实现节能治污、节能减排。绿色设计秉承可持续发展理念，是促进形成节约型生产方式的有效途径[3]。

1.1 绿色与设计

1.1.1 制造业发展引起的环境问题

21世纪以来，随着生产力的极大发展和经济规模的不断扩大，前所未有的巨大物质财富加速了世界文明的演化进程，但是人们采用扩大开发自然资源和无节制地利用环境来促进经济增长方式造成了全球性的自然环境破坏，资源过度消耗，环境空前恶化，人与自然的关系达到了空前紧张的程度。

制造业[4]是将可用资源(包括能源)通过制造转化为可供人们使用和利用的工业产品或生活消费的产业。制造业直接体现了一个国家的生产力水平，是区别发展中国家和发达国家的重要标志，也是消耗资源的大户和污染环境源头的主要产业，其与环境污染有着密切的关系[3]。以我国为例，制造业发展引起的环境问题主要表现在以下几个方面：

1. 资源的过度消耗

我国虽然资源丰富,但人口众多,资源人均占有量很低。根据估算[5],我国矿产资源储量潜在总值为16.56万亿美元,居世界第3位,但人均矿产储量潜在总值仅为1.5万美元,只有世界平均水平的58%,排世界第53位,而且目前人均资源数量和资源生态质量仍在持续下降和恶化,35种重要矿产资源的人均占有量只有世界人均水平的60%,石油只有11%,铁矿只有44%,铝土矿只有10%。

随着高新技术的发展和人们物质需求水平的不断提高,无论是用于生产的机电产品还是人们的日常生活用品都趋于追求高性能、高附加值,这使整个社会对各种资源的需求源源不断,更造成了资源消耗速度加剧。目前我国经济快速增长,但这种增长却建立在资源高消耗的基础之上。资源的过度开采所造成的资源短缺成为我国经济持续发展的"硬约束"。

2. 环境污染严重

制造业在将资源转变为产品的过程中同时会产生各种废弃物,生产过程中每年排出的"三废"(废气、废水、废渣)都会造成严重的大气污染、水体污染和土壤污染,这些污染给我国带来的一些影响如表1.1所示。制造业发展过程产生的废弃物给环境带来了沉重的负担,同时也给人们的正常生活带来了严重的影响。

表1.1 环境污染给我国带来的影响

环境污染类型	影　响
大气污染	我国大气环境面临的形势非常严峻,大气污染物排放总量居高不下。根据生态环境部发布的《中国生态环境状况公报》[6],全国338个地级及以上城市中只有121个城市环境空气质量达标,占全部城市数的35.8%;217个城市环境空气质量超标,占全部城市数的64.2%。目前,大气污染是我国第一大环境污染问题
水体污染	我国江河湖泊普遍遭受污染[7],全国75%的湖泊出现了不同程度的富营养化,90%的城市水系污染严重,南方城市总缺水量60%~70%是由水污染造成的;对我国118个大中城市的地下水调查显示,有11个城市地下水受到污染,其中重度污染约占40%。水污染降低了水体的使用功能,加剧了水资源短缺,给我国的可持续发展带来了极大挑战
土壤污染	我国土壤污染程度日益加剧,污染面积逐年扩大,土壤生态问题比较普遍[8]。其中,污水灌溉污染耕地2.17万km^2,固体废弃物存放占地和毁田0.13万km^2。由于工业废水和固体废弃物中含有大量的重金属污染物,如Cd、Pb、Hg、Cr等,每年因重金属污染的粮食达1 200万t,每年造成的直接经济损失超过200亿元

温室效应及温室气体概述

3. 生态日益恶化,温室效应加剧

工业社会的经济增长方式大部分都以自然资源的高投入、高消费为主要特征。

长期以来各方面工业发展的综合作用造成了森林锐减、草原退化、土壤侵蚀、沙漠化不断发展，更导致地球变暖、臭氧层破坏，环境危害加剧。在制造业的快速发展时期，产品生产过程中大量使用化石燃料，向空气中排放了大量的温室气体（CO_2、N_2O、CH_4 等），造成了温室效应加剧，全球气候变暖。根据 IPCC（联合国政府间气候变化专门委员会）第五次评估报告[9]，在 21 世纪末（即 2100 年）由于人类活动导致全球的地面平均气温会在目前基础上提升 0.3～4.8℃，气温如果继续上升，全球数百万人的生活将会受到影响，甚至影响全球的生态平衡，最终导致全球发生大规模的人口迁移和冲突。

温室效应的危害

由上述可知，制造业的快速发展给环境带来了沉重的负担，而这些负担最终将由我们自己来承担，为此在制造业发展过程中寻求绿色发展是我们当前要努力的方向。

1.1.2 绿色设计——启动绿色发展的“第一杠杆”

绿色发展

在党的十八届五中全会上，习近平同志提出“创新、协调、绿色、开放、共享”五大发展理念，将绿色发展作为关系我国发展全局的一个重要理念。绿色发展是在传统发展基础上的一种模式创新，是建立在生态环境容量和资源承载力的约束条件下，将环境保护作为实现可持续发展重要支柱的一种新型发展模式，具体来说其包括以下几个要点：一是要将环境资源作为社会经济发展的内在要素；二是要把实现经济、社会和环境的可持续发展作为绿色发展的目标；三是要把经济活动过程和结果的“绿色化”“生态化”作为绿色发展的主要内容和途径。

绿色设计的灵魂是可持续发展和资源节约与环境友好，同时天然地融于智慧生产、绿色发展、保护地球、健康生活和生态文明之中。绿色设计充分建立在生产、消费、流通各个领域的源头环节，并充分体现在后续过程链的每一个环节，直至回收再利用。因此绿色设计被认为是国家创新工程的重要组成部分，也是新一轮财富增值的重要一环。世界权威性观点认为：从源头上考虑，绿色设计必然担当着启动绿色发展第一杠杆的功能[10]，其突出体现在：

（1）绿色设计是对绿色发展具象性、战略性的落实；

（2）绿色设计对绿色发展做出了时间表和路线图的安排；

（3）绿色设计强调对生产、流通、消费全过程的循环式思考；

（4）绿色设计对能源、材料、产品、工艺、工程、产业链从源头开始直至整体闭环的全过程进行总体把握；

（5）绿色设计对“互联网＋”时代和“工业 4.0”具有全方位的适应；

（6）绿色设计在原始创新、研发过程和社会需求中将起到关键性作用。

总之，绿色设计作为国家创新战略体系源头上的核心一环，在研发、孵化、中试、定型的总链条中具有举足轻重的地位，是启动绿色发展的“第一杠杆”，是促进绿色发展的“第一推动”，是构建绿色发展的“第一梯队”，是生成绿色发展的“第一财富”[10]。

1.2 绿色设计及其发展

1.2.1 绿色设计

绿色设计对产品全生命周期的资源消耗和环境影响具有决定性的作用，其影响度可达70%～80%，将直接影响产品供应链、使用和回收再利用的绿色性[11]。绿色设计是在遍及全球“绿色浪潮”冲击下诞生的现代设计方法，是时代发展的产物，是人类物质文明和精神文明不断提高的见证。随着人们环境保护意识的不断提升和各国环境保护政策的不断出台与完善，绿色设计理念已逐渐成为各个地区、各行各业的设计潮流。

1. 绿色设计的概念及内涵

绿色设计的概念最早出现在20世纪70年代，当时这一概念还不够清晰，但经过多年的发展后，现在其已经有了较为科学的定义[12]：绿色设计也被叫作生态设计(ecological design)、环境设计(design for environment)或环境意识设计(environment conscious design)。在产品的整个生命周期内，绿色设计将着重考虑产品的环境属性(可拆卸性、可回收性、可维护性以及可重复利用性等)并将其作为设计目标，在满足环境目标要求的同时，保证产品能实现应有的功能、使用寿命、质量等要求。产品的绿色设计示意图如图1.1所示。

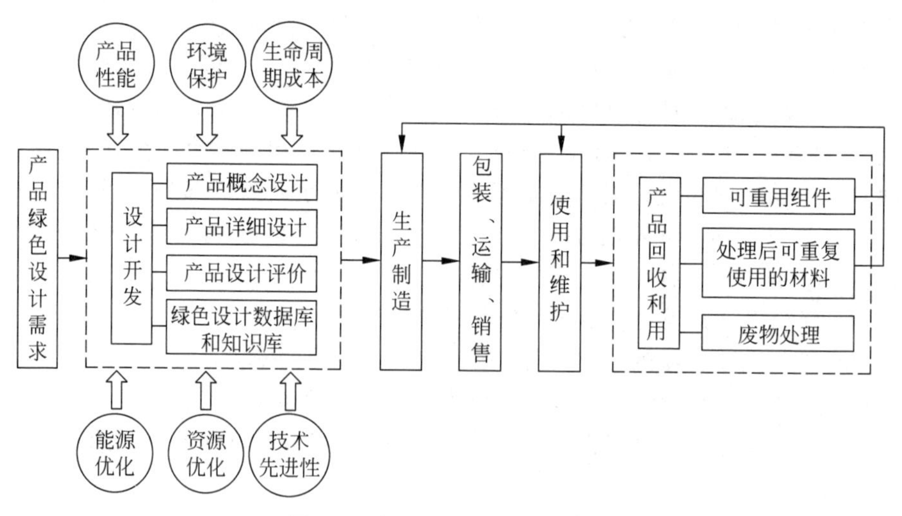

图1.1 产品的绿色设计示意图

从绿色设计的定义可以看出，绿色设计是针对产品整个生命周期的设计，它涉及产品生命周期的每一个阶段。因此即便在进行产品设计时考虑的已十分全面，但由于所处时代的技术水平、生产设备、材料资源、能源消耗的限制，在产品整个生命周期内往往无法避免非绿色现象的产生(例如,某些材料目前尚无理想的替代品、目前所拥有的设备无法达到理想的精度、在产品加工时无可避免地向自然界排放污染物等),而设计师要做的就是通过绿色设计将产品的非绿色现象降到最低。

从绿色设计的定义中可以得出其内涵主要表现在以下几个方面:

(1) 绿色设计是面向产品的整个生命周期而进行的设计。因此在产品整个生命周期中应把产品的绿色程度作为设计目标,在设计过程中,应充分考虑产品在设计开发、生产制造、包装运输销售、使用和维护、回收利用等过程中对环境造成的各种影响。

(2) 绿色设计是可以在不同层次上进行的动态设计过程。绿色设计通常可分为3个层次:第一层为治理技术与产品的设计,如"可回收性设计""可拆卸设计"等,其目标是简化、减少或取消产品废弃后的处理处置过程及费用;第二层为清洁预防技术与产品的设计,目的在于减少产品生命周期各个阶段的污染;第三层次是为价值而设计,目的在于提高产品的总价值,而这种价值体系是人与环境的共同体。

(3) 掌握绿色知识的设计人员是绿色设计的主体。设计人员在绿色设计过程中起着举足轻重的作用,他们必须将包括环境需求和用户需求在内的所有需求体现在产品的具体设计过程中,因此,进行绿色设计必须注重人员的培养和知识的积累。

2. 绿色设计的特点

1) 绿色设计是并行闭环设计

传统产品设计是一个串行设计过程,它的生命周期是指从设计、制造直至废弃的所有阶段,而产品报废后的各个环节则并不在考虑范畴中,因此其是一个开环过程。传统产品设计过程如图1.2所示。

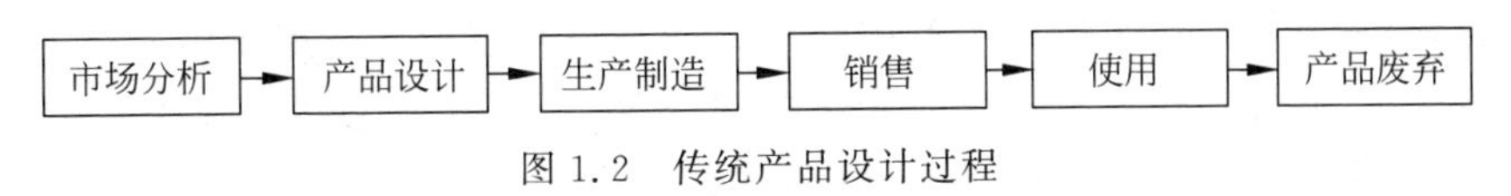

图1.2 传统产品设计过程

与传统产品设计相比,绿色设计的生命周期还包括产品使用结束后的回收利用阶段,其实现了产品生命周期阶段的闭路循环,而这些过程在设计时必须被并行考虑,因此,绿色设计是并行闭环设计,其设计过程如图1.1所示。

2) 绿色设计扩大了产品的生命周期

传统的产品生命周期是从产品的生产到投入使用为止,大体类似人的"从摇篮到坟墓"的过程;而绿色设计将产品的生命周期延伸到了产品使用结束后的回收重用及废物处理,也即"从摇篮到再现"的过程。这种扩大了的生命周期概念需要设计者在设计过程中从总体的角度理解和掌握与产品有关的环境问题及原材料的循环管理、重复利用、废弃物的合理分类堆放等。只有对产品生命周期的各个阶段进行总体考虑，才能进行绿色设计的整体优化。绿色设计与产品生命周期的关系如图 1.3[12]所示。

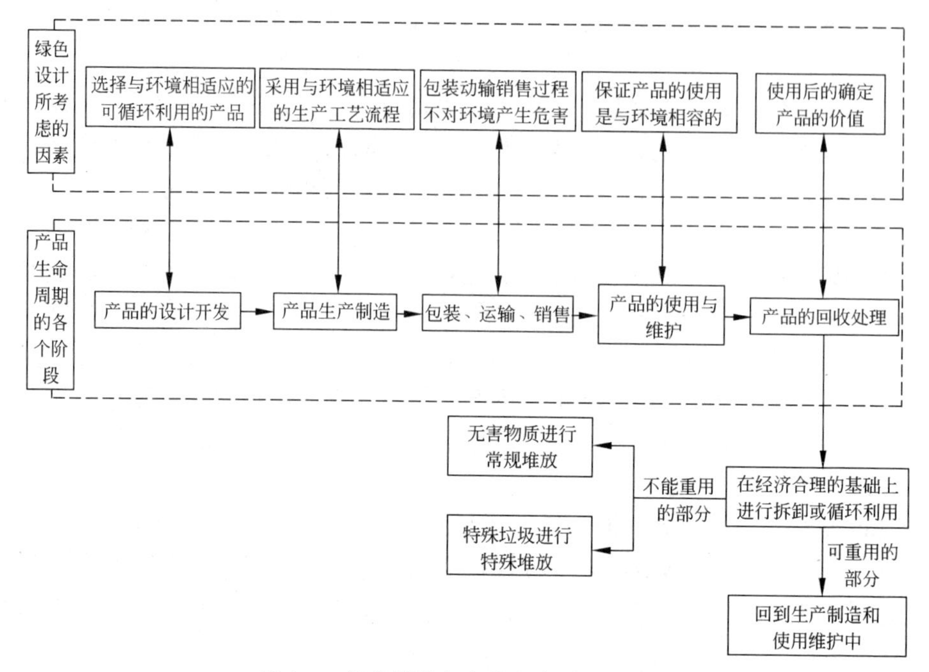

图 1.3　绿色设计与产品生命周期的关系

3）绿色设计可以减缓地球上资源的消耗

中国再生资源回收行业现状及发展趋势

绿色设计在设计之初不仅会选择能够与环境相适应并且可循环利用的产品，而且在产品的制造过程中也会采用合理的工艺，可以大大减少原材料的浪费。在产品报废之后，绿色设计还将按照计划对产品进行合理拆卸并从中回收可循环利用的材料，使其能够投入到再生产中。因而产品在绿色设计过程中将减少对材料资源的需求，减缓地球各类资源的消耗，保护环境，有利于社会实现可持续发展。

4）绿色设计可以从源头上减少废弃物的产生

在进行产品绿色设计的过程中，设计师会对产品的环境需求进行全面分析和充分考虑，合理地选择产品材料，优化产品结构，从一开始就可以有效减少废弃物的产生，有利于实现保护环境，维护生态系统平衡的目标。现如今，工业化国家每年要生产大量的垃圾，垃圾处理则成为所有工业国颇为棘手的问题。通常采用的填埋法不仅占用了大量的土地，而且会造成二次污染。绿色设计可以将废弃物的产生尽量消灭在萌芽状态，使其数量降低到最低，大大缓解垃圾处理与资源环境的矛盾。

5）绿色设计是以改善生态环境、满足人们需求为目标的

绿色设计要求全面考虑从原材料提炼、材料加工、部件制造、产品装配、产品包装、产品运输、产品使用、产品废弃后的回收利用和处理等整个生命周期中对环境

造成的总负荷最小的方案。其通常要求产品不仅不能损害人体健康，而且应有益于人体，具有多功能化的设计目标，能满足不同人的需要，如抗菌、除臭、隔热、阻燃、调温、调湿、消磁、放射线、抗静电等。

6）绿色设计是一个价值创新的过程[13]

绿色产品设计是在产品系统设计框架内对产品环境效能的充分考量，其具体过程是对与产品相关的生产、流通、使用以及回收等多个系统流程进行综合创新以及调校的复杂工程。该过程同时还是一个价值创新的过程：成功的产品开发不但能为制造者带来商业利润、为使用者带来功能价值，还会因其优秀的系统特性为与之构成某种系统关系的相关产品带来新的价值。如良好的拆卸性能不但会节约装配时间进而降低生产成本，同时也能为产品的回收处置创造新的价值。

简单来说，绿色设计具有两个明显特点[14]：一是在设计中应考虑设计对象的整个生命周期；二是设计人员应在确保产品正常功能的同时，优先考虑设计对象的环境属性，从而减少环境污染、节约资源。

3. 绿色设计与传统产品设计

传统产品设计仅涉及产品寿命周期的市场分析、产品设计、工艺设计、制造、销售及售后服务等几个阶段，并且设计也主要是从企业自身的发展和经济利益出发，大多只考虑如何满足用户要求，满足产品的基本属性（功能、质量、寿命、成本等），而较少考虑环境属性，其设计指导原则是只要产品易于制造，并且具有要求的功能、性能即可。按照传统设计生产制造出来的产品在其使用寿命结束之后就成了废弃物，通常回收率低，造成的资源浪费严重，特别是产品中含有的有毒有害物质会严重污染环境。传统设计是从“摇篮到坟墓”的过程，其生命周期具有开环性（见图1.2）。传统产品设计过程中的不足主要表现在以下几个方面[3]：

（1）产品开发的各个环节顺序（串行）进行，反复次数多，开发周期长，开发费用高；

（2）产品开发很少考虑产品的环境属性，设计结构复杂，拆卸回收难度大，造成大量的资源、能源浪费，并且污染环境；

（3）产品设计人员的环境意识不强，对绿色产品和绿色设计的认识很不明确；

（4）传统设计的产品难以适应市场竞争和可持续发展的需要。

传统设计是绿色设计的基础，没有传统设计，那么绿色设计就无从谈起——任何产品首先都必须满足功能、质量、寿命和经济性的需求，否则绿色程度再高的产品也是没有实际意义的。绿色设计是对传统设计的补充和完善，传统设计只有在原有设计目标的基础上将环境属性也作为产品的设计目标之一，才能使所设计的产品满足绿色性能要求，并同时具有市场竞争力。绿色设计和传统设计在设计依据、设计人员、设计工艺和技术、设计目的等方面都存在着极大的不同，两者的比较见表1.2。

表 1.2 传统设计与绿色设计的比较

比较因素	传统设计	绿色设计
设计依据	依据用户对产品提出的功能、性能、质量及成本要求来设计	依据环境效益和生态环境指标与产品功能、性能、质量及成本要求来综合设计
设计人员	设计人员很少或没有考虑到有效的资源再生利用及对生态环境的影响	要求设计人员在产品构思及设计阶段必须考虑降低能耗、重复利用资源和保护生态环境
设计技术或工艺	在制造和使用过程中很少考虑产品回收,有也仅是有限的材料回收,用完就被废弃	在产品制造和使用过程中可拆卸、易回收,不产生毒副产物及保证产生最少的废弃物
设计目的	为需求而设计	为需求和环境而设计,满足可持续发展的要求
产品	传统意义上的产品	绿色产品或绿色标志产品

从表 1.2 传统设计与绿色设计的比较中可以看出,绿色设计区别于传统设计的很大一个地方就是绿色设计的目的不仅是考虑消费者的需求,还要更多地考虑产品设计与环境之间的关系,需要向着可持续发展而努力。绿色设计要求在进行产品设计时必须按照环境保护的指标选用合理的原材料、结构和工艺,在制造和使用过程中应尽可能地降低能耗和减少原材料的浪费,避免产生对环境有害的物质,并且确保产品易于拆解和回收,回收的材料要尽量做到能够重复使用,对无回收价值的产品要确保能进行无害化处理,防止其污染大气、水质和土壤等,并尽可能地减少废弃物的产生。

4. 绿色设计的主要内容

绿色设计研究的主要内容包括绿色产品的概念设计、绿色产品的详细设计、面向绿色设计的产品生命周期评价、绿色设计数据库和知识库等。

1) 绿色产品的概念设计

奔驰 VISION EQXX 概念车设计

在绿色产品的概念设计阶段,通过进行有效的绿色需求分析了解产品在生命周期各个阶段的影响方式和程度,明确绿色设计的任务,为后续的绿色设计过程奠定基础。绿色产品概念设计的主要内容如表 1.3 所示。

表 1.3 绿色产品概念设计的主要内容

主要内容	概　　念
需求分析	用户需求是对产品各种期望需要的总和,包括产品的使用功能、性能及其他属性。产品的绿色需求不仅包含传统意义上用户对产品功能、性能等方面的要求,还增加了在产品整个生命周期中对环境的影响要求。产品需求分析对绿色设计起着至关重要的作用

续表

主要内容	概　　念
绿色模块化设计	绿色模块化设计就是在对一定范围内的不同功能或相同功能、性能、规格的产品进行功能分析的基础上，划分并设计出一系列功能模块，通过模块的选择和组合构成不同的产品，满足多样化的需求
绿色产品配置设计	产品配置是指对预先定义的可配置产品的组件进行组合，并满足用户需求，最终得到一个用户满意的产品个体的过程。绿色产品配置设计强调将绿色设计思想与产品配置技术相结合，以绿色产品族知识库中已有产品为原型，将用户需求转化为配置机制，通过对原型产品零部件的借用、修改或重新设计而得到新的产品
绿色产品创新设计	产品创新设计，要求设计者充分发挥创造性思维、吸收最新科技成果、运用现代设计理论和方法，设计出更具竞争力的新颖产品。绿色产品创新设计是一种从环保理念出发，更强调积极性、主动性和动态性的设计，它要求设计者在进行创新设计构思阶段就将绿色理念运用到其中，使新开发的产品既达到全人类的可持续发展效益，又充分体现节能、减耗、节材等绿色思想

2）绿色产品的详细设计

绿色产品的详细设计是建立在概念设计阶段制定的产品设计方案基础上进行的产品具体结构设计，其主要内容如表1.4所示。

表1.4　绿色产品详细设计的主要内容

主要内容	概念
材料选择	绿色设计中的材料选择主要从以下几点考虑：优先选用可再生材料，尽量选用可回收材料，提高资源利用率，实现可持续发展；尽量选用低能耗、少污染的材料；尽量选择环境兼容性好的材料，避免选用有毒、有害和有辐射性的材料；所用材料应易于再利用、回收、再制造或易于降解等
低碳设计	低碳指较低的温室气体（二氧化碳为主）排放。产品低碳设计就是指在产品的整个生命周期中，力求做到低能耗、低污染、低排放，并且要求在保证产品应有的功能、寿命和质量的前提下，贯彻低碳的概念，实现高效节能的现代设计方法
易拆解设计	产品易拆解设计要求在产品设计的初级阶段就将可拆解性作为结构设计的一个评价准则，使所设计的结构易于拆解，维护方便，并使产品在报废后其可重用部分能充分有效地回收和重用，以达到节约资源和能源、保护环境的目的
可回收设计	产品可回收性设计就是在进行产品设计时充分考虑产品零部件及材料的回收价值大小、回收处理方法、回收处理工艺等与可回收性有关的一系列问题，以达到零部件、材料以及其他资源和能源的充分有效利用，并在回收过程中达到环境污染最小的一种设计思想和方法

3）面向绿色设计的产品生命周期评价

生命周期评价（life cycle assessment，LCA）是指对一个产品的系统性的生命周期中输入、输出及其潜在环境影响的汇编和评价，其具体包括相互联系、不断重复进行的4个步骤：目的与范围的确定、清单分析、影响评价和结果解释等。生命周期评价是一种用于评估产品在其整个生命周期(即从原材料的获取、产品的生产直至产品使用后的处置)中对环境影响的技术和方法。

4) 绿色产品设计数据库和知识库

绿色产品设计数据库应包括产品生命周期中与环境、经济等有关的全过程数据,如材料成分、各种材料对环境的影响值、材料自然降解周期、人工降解时间、费用、制造、装配、销售、使用过程中所产生的附加物数量及对环境的影响值、环境评估准则所需的各种判断标准等。绿色产品设计知识库是指产品进行绿色设计的一切活动所依据的标准和规则,它是基于产品开发的过程提出的,是产品全生命周期设计内容的概括、分析和总结,通常会以一定的形式记录和储存起来,支持产品的绿色设计。

5. 绿色设计的原则

1) 资源最佳利用原则

资源最佳利用原则[15]主要包括两个方面的内容:一是在选用资源时应从可持续发展的观念出发,考虑资源的再生能力和跨时段配置问题,不能因资源的不合理使用而加剧其枯竭危机,尽可能地使用可再生资源;二是在设计时尽可能保证所选用的资源在产品的整个生命周期中得到最大限度的利用。

2) 能量消耗最少原则

能量消耗最少原则主要包括两个方面的内容:一是在选用能源类型时应尽可能选用太阳能、风能等清洁型可再生一次能源,而不是汽油等不可再生二次能源,这样可有效地缓解能源危机;二是从设计上力求产品整个生命周期循环中能源消耗最少,并减少能源的浪费,避免这些浪费的能源被转化为振动、噪声、热辐射以及电磁波等。

3) 零污染原则

绿色设计应彻底抛弃传统的"先污染,后治理"的末端治理环境方式,并改为实施"预防为主,治理为辅"的环境保护策略[16]。

4) 零损害原则

绿色设计应该确保产品在生命周期内对劳动者(生产者和使用者)具有良好的保护功能,在设计上不仅要从产品制造、使用环境以及产品的质量和可靠性等方面考虑如何确保生产者和使用者的安全,而且要使产品符合人机工程学和美学等有关原理,以免其对人们的身心健康造成危害。

5) 技术先进原则

绿色设计要使设计出的产品为"绿色",通常被要求采用最先进的技术,而且要求设计者有创造性,使设计的产品具有最佳的市场竞争力。

6) 生态经济效益最佳原则

绿色设计不仅要考虑产品所能创造的经济效益,而且要从可持续发展的角度出发,考虑产品在生命周期内的环境行为对生态环境和社会所造成的影响,带来的环境生态效益和社会效益的损失。也就是说，要使绿色产品生产者不仅能取得好的经济效益，而且能取得好的环境效益，即取得最佳的生态经济效益[17]。

1.2.2　绿色设计研究与应用现状

绿色设计是在产品设计过程中改善产品环境性能的主要方法和手段，近年来国内外对绿色设计的研究非常活跃，与之相关的理论和方法从20世纪90年代中期开始就成为产品设计领域的重要课题。国外一些发达国家对绿色设计的研究比较早，特别是在美国、日本和欧洲的一些发达国家和地区，对绿色设计及其相关领域的研究已非常深入。国内绿色设计研究虽已在深入进行，但距发达国家还有明显的差距。

1. 绿色设计的研究现状

绿色设计需要借助产品生命周期中与产品相关的各类信息，利用模块化设计、创新设计等各种先进的设计理论，设计出具有先进的技术性、良好的环境协调性及合理的经济性的产品。目前，国内外学者在绿色设计相关领域开展了广泛研究。

在绿色产品概念设计方面，Manesh等[18]为了协助设计者完成整个制造系统的设计和开发工作，提出了一种基于虚拟现实技术的需求分析方法，从而可以满足不断变化的市场需求；Nahm等[19]为了解决质量功能配置中难以确定产品需求重要度的问题，提出了一种结合顾客偏好评价和顾客满意评价来进行产品需求分析的方法；Chang等[20]为平衡产品开发与生态友好性，结合绿色质量功能配置和设计结构矩阵，提出了面向绿色设计的系统化、模块化设计方法；李方义等[21]提出了一种产品绿色模块化设计方法的研究框架，总结了模块化在绿色设计中的应用特点，探讨了利用模糊数学、图论及层次分析法(analytic hierarchy process，AHP)研究产品的绿色模块化多目标决策；鲍宏等[22]以绿色产品的满意程度为目标，结合模块化思想、环境化质量功能配置和通用物料清单方法，分析生命周期各阶段的绿色特性，提出了一种面向多样性和绿色性需求满意度的产品配置设计方法；肖人彬等[23]在分析现有的产品创新设计方法不足的基础上，结合数据技术的特点，提出数据驱动产品创新的设计方法。

在绿色产品详细设计方面，Holmes等[24]将一种新型竹基复合材料用于风力电机叶片的制造，以改善其环境性能；Zhang等[25]为了从制造系统的角度减少机械零件的碳排放，研究出一种集成结构优化和材料选择的方法，建立了机械零件低碳设计的混合优化模型；Kam等[26]将回收材料作为绿色生产的一部分，推广使用可回收材料来减小产品生产对环境的影响；Zhang等[27]将低碳设计理论与3D设计软件相结合，在产品设计前期通过识别低碳设计优化潜力，建立评价结果与设计建议的反馈机制，实时指导设计师在低碳设计中的行为；刘志峰等[28]运用TRIZ冲突消解原理、物质-场分析原理以及回收冲突分析原理来进行家电产品的易拆解可回收设计，提出易拆解可回收设计的流程，建立易拆解可回收设计方案与发明原理、标准解法的映射关系；张宠元等[29]从易于拆卸、可主动回收处理、经济性、环境准则等4个方面衡量产品的主动回收度，以主动回收度、内部聚合度以及外部耦合度为优化目标进行模块划分。

在产品的生命周期评价方面，Shi等[30]提出了一种基于生命周期评价（LCA）和生命周期成本（LCC）的综合方法，以发动机为例，从经济和生态方面确定制造机械产品的资源消耗、环境排放和经济成本，为机械产品的制造提供节能减排的理论和数据支持；Peng等[31]为了减少时变参数对产品在整个生命周期对环境的影响、提高生命周期清单的准确性而开发了系统动力学（SD）模型；Unterreiner等[32]通过生命周期评价（LCA）分析了3种电池技术回收和再利用对生态的影响，通过良好的综合回收过程进行回收和再利用，使其生态影响降低了49%；宋小龙等[33]以废弃手机为研究对象，采用生命周期评价（LCA）方法分析了废弃手机回收处理系统的能耗和碳足迹，对产品参数设定进行了敏感性分析，为废弃手机回收处理系统环境绩效的量化与改进提供了参考。

在绿色设计知识方面，Liu等[34]提出了一种从应用描述中自动挖掘领域知识的方法，通过对CDM和主题集合中的知识进行分类、聚类与合并来识别领域中的整体知识；Qin等[35]构建了用于获取有用的设计知识和未来重用经验的RFBSE知识表示模型，以提高未来的项目决策效率；郭鑫等[36]以“功能＋流＋案例”为规则，利用扩展算法、知识语义检索、分词模型等方法提出可满足创新设计目标的工艺知识检索模型；张发平等[37]构建了多维层次情境模型和情境驱动的知识资源库模型，强调了知识与知识情境的多对多映射关系，提出了基于情境的知识匹配和推送的方法。

2. 绿色设计的应用现状

绿色设计应遵循“3R”（Reduce，Reuse，Recycle）的原则，设计产品时不仅要考虑减少产品制造时的物质和能源消耗，减少有害物质的排放，而且要综合考虑产品及零部件报废后的重新利用、方便分类回收的再生循环。目前绿色设计有如下几方面的应用[11]：

1）绿色材料替代设计

绿色材料替代设计的主要目的是在保持材料性能不变或提升的情况下改善其环境性能。目前各国开展的绿色材料替代设计研究主要涉及仿生材料、复合材料、可回收材料、合金材料等。PLA复合材料可以替代部分传统改性塑料，其应用在汽车零部件上可以使汽车向着更加生态环保的方向发展，劳士领车用生物基材料解决方案——BioBoom便是基于PLA合成的、高可再生资源利用率的生物基材料，如图1.4所示。它拥有超过90%的可再生资源利用率，具有低收缩、耐刮擦、着色性优异等特点，不仅适用于制造机舱内具有功能要求的零部件，还适用于制造可见的车身内外饰产品[38]。

为便于在设计阶段选择结构性能较优、环境性能较好的材料，目前一些发达工

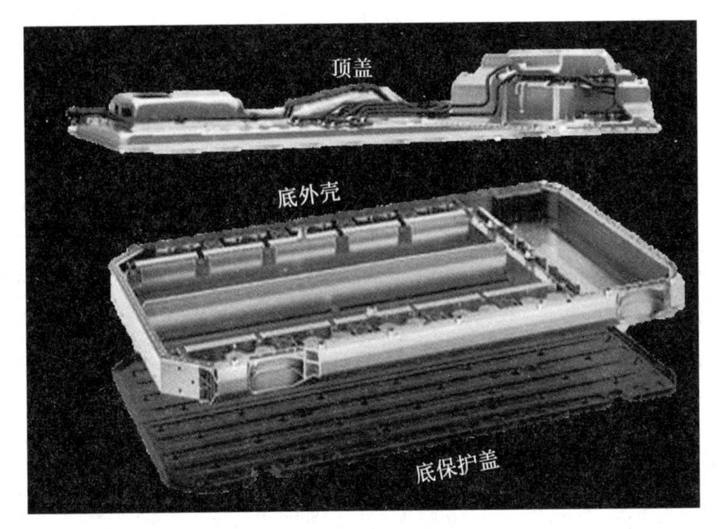

图 1.4　劳士领车用生物基材料解决方案——BioBoom

业国家开发了相应的软件工具。其中，Autodesk Inventor 的 Eco-Materials Adviser 和 Granta 的 CES Selector 软件都能够形成基于材料属性的材料图表，并根据材料追溯、材料配置、环境影响等分析过程对材料进行比较，最终找到传统材料的绿色环保替代方案。

2）节能设计

节能设计将综合考虑产品制造、使用等过程的能耗情况，通过应用环保节能型材料来优化机械结构，合理地制定并应用创新制造工艺、替代清洁燃料等措施来实现产品制造的节能减排[39]。当前节能设计主要集中在高效动力、清洁燃料替代设计方面，如替代燃料主要有太阳能、甲醇、液化石油气、压缩天然气、乙醇等。福特 Edge HySeries 采用了结合车载氢燃料电池发电机和锂电池的氢燃料电池动力混合传动系统，该新型动力系统将传统燃料电池系统的尺寸、质量、成本和复杂性减小 50%以上。美菱 BCD-350 系列冰箱通过在制冷剂选择、冰箱内部结构改进、软件平台开发等方面逐步实现了冰箱产品的节能优化，其节能改进过程如图 1.5 所示。

3）轻量化设计

国际上的轻量化设计研究主要包括轻量化材料的运用、结构轻量化设计与优化、复合材料替代技术、先进的净成形工艺等，涉及产品包括工业装备、家电产品、电器电子产品、汽车和飞机等。奇瑞新能源[40]作为我国汽车轻量化的标杆级企业代表，旗下热门纯电车型蚂蚁 SUV 采用了超轻量化全铝车身架构，并设计了独有的隼骨型多腔截面结构，整车车身铝合金使用率超过 86%，重量减少 30%，刚度提升 20%，材料利用率达到 96%，其车身架构如图 1.6 所示。

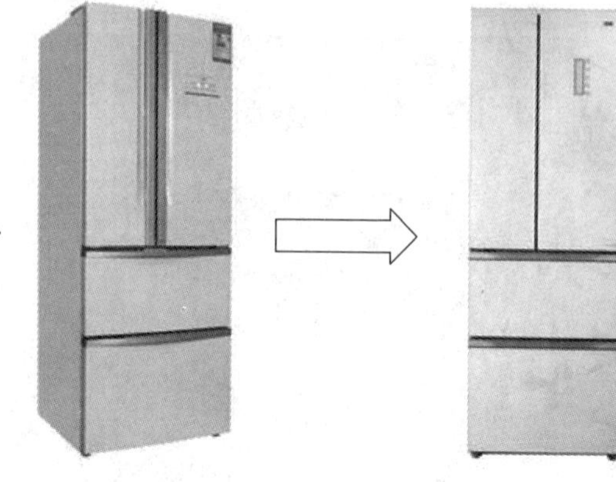

BCD-350W
在中华人民共和国生态环境部等关于禁止生产、销售、进出口以氯氟烃(CFCs)物质为制冷剂、发泡剂的家用电器产品的公告出台之后，采用R600a作为制冷剂。

BCD-350WT
在《中华人民共和国节约能源法》颁布后，其中第七十三条关于能源效率标识的，该冰箱通过优化冰箱的风道结构，使其能耗降低约4%，达到能效等级2级。

BCD-350WPB
通过与合肥工业大学合作开发的绿色设计平台，应用于BCD-350WPB绿色冰箱的设计与开发，RoHS抽检满足率由95%提高到99%。其能效等级达到1级，额定耗电量仅0.79度/天。

图 1.5　美菱冰箱的节能改进过程

图 1.6　奇瑞蚂蚁新能源车的车身架构

4）面向回收/拆卸/再制造的设计

面向回收、拆卸、再制造的设计需考虑多寿命周期服役、材料相容性、可拆解性等多种因素，提高产品生命终期的回收、拆解效率和零部件再制造的服役安全寿命。在这一方向设计的各个阶段，不仅要考虑零部件的成本、可加工性、质量，还要考虑零部件的环境属性。BMW 的转向机[41]经过可拆卸设计，能够减少重新制造生产新零件所造成的材料及过程浪费，同时通过再制造生产工艺来实现旧件再利用，其主要流程为旧件回收、拆卸、修复、清洗及检测等，制造完成后再进行装配、EOL 功能测试、系统装配等步骤。再制造后的转向机与旧件对比如图 1.7 所示。整个过程完全按照新件出厂标准控制生产过程参数和产品性能，保障再制造的转向机品质不低于新品标准，拥有非常高的产品性价比。

3. 绿色设计的标准现状

在国际上，欧盟开展产品的绿色设计主要是分别从规范企业和引导消费两个方面着手。在规范企业方面，欧盟在 2002 年陆续出台了 2002/96/EC《关于报废电

图 1.7　再制造后的转向机与旧件对比

子电气设备指令》(即 WEEE 指令)和 2002/95/EC《关于在电气电子设备中限制使用某些有害物质指令》(即 RoHS 指令),强制要求企业对废旧电子产品和有毒有害物质进行处理与再利用。随后,又于 2005 年出台了著名的《用能产品生态设计指令》(即 EuP 指令),以法规的形式强制企业对用能产品开展绿色设计。2009 年,欧盟在 EuP 指令的基础上进行修订并发布了覆盖范围更广的 2009/125/EC《确立能源相关产品生态设计要求建立框架的指令》(即 ErP 指令),覆盖范围从 EuP 指令规定的 10 类产品扩大到包括制冷设备、厨房设施等 20 类产品。

在引导消费方面,欧盟早在 1992 年就为提高消费者的环保意识通过了 880/92/EEC 号条例,出台了自愿性产品生态标签指令,鼓励企业对其产品开展要求更高、更为严格的欧盟生态标签自愿性认证,并引导消费者使用环境友好型产品。此外,欧盟还推行了《"地平线 2020"科研规划》(Horizontal 2020),该规划将在卓越科学、工业领先和社会挑战研究领域分别投资 244.41 亿欧元、170.16 亿欧元、296.79 亿欧元,其中 30.18 亿欧元用于与绿色制造紧密相关的社会挑战研究领域中对气候行动、环境、资源效率和稀有材料等研究进行资助和补贴。英国政府在《未来制造业:一个新时代给英国带来的机遇和挑战》报告中预测:到 2050 年全球人口将从目前的 70 亿增加到 90 亿,对相应工业产品的需求量也将翻一番,进而使材料需求翻一番、能源需求翻三番。为应对未来环境、资源的挑战,英国政府将可持续制造(绿色制造)定义为下一代制造,并制定了 2013—2050 年的可持续制造发展路线图。

我国在 20 世纪 90 年代开始出现低碳设计、环保材料、绿色产品等相关的绿色设计理念。在 1992 年《关于出席联合国环境与发展大会的情况及有关对策的报告》中,我国明确提出要"积极发展绿色产品生产"。

2011 年 10 月,国务院发布的《国务院关于加强环境保护重点工作的意见》中将"推行工业产品生态设计"作为保护环境的重要举措,首次在国家层面提出了开展生态设计工作。

2012 年 1 月,工信部等发布《工业清洁生产推行"十二五"规划》,把"开展工业产品生态设计"作为推行工业清洁生产的三大主要任务之一。

2013 年,工信部联合国家发改委和环保部共同发布的《关于开展工业产品生态设计的指导意见》明确了开展工业产品生态设计的目的、要求、重点工作和保障措施，提出要从源头控制，以产品全生命周期管理为理念，以资源科学利用和环境保护为目标，以标准体系建设为支撑，开展工业产品生态设计试点，建立评价与监督相结合的产品生态设计推进机制，促进企业开展产品生态设计。

2015年，《中国制造2025》提出全面推行绿色制造，积极构建绿色制造体系，强化产品全生命周期绿色管理，支持企业开发绿色产品，推行生态设计，显著提升产品节能环保低碳水平，引导绿色生产和绿色消费。

2016年，《国务院办公厅关于建立统一的绿色产品标准、认证、标识体系的意见》提出"健全绿色市场体系，增加绿色产品供给"是生态文明体制改革的重要组成部分。绿色设计虽然在我国起步比较晚，但发展十分迅速，它是我国可持续发展、科学发展观在设计领域的体现和延伸，在未来，我国的绿色设计将会有更快的发展。

近年来，国内外政府积极倡导绿色工业，相应出台了许多关于绿色设计的标准，其中一些标准及应用范围如表1.5所示。

表1.5 绿色设计标准及应用范围

标准类型	标准编号	应用范围
国家标准	GB/T 24040—2008	标准阐述了生命周期评价(LCA)的原则与框架，涵盖了生命周期评价和生命周期清单研究
	GB/T 24044—2008	标准规定了生命周期评价(LCA)的要求，提供了指南，并涵盖了生命周期评价和生命周期清单研究
	GB/T 26119—2010	标准规定了机械产品生命周期评价(LCA)的基本原则、框架、评价方法及报告的一般要求。标准适用于机械产品生命周期评价研究与应用，可用于评价机械产品全生命周期或指定阶段对环境的潜在影响
	GB/T 32813—2016	标准规定了机械产品生命周期评价(LCA)的评价阶段及流程、目的和范围确定、清单分析、生命周期影响评价、生命周期解释、报告与鉴定性评审
国际标准	ISO 14040—2006	标准阐述了生命周期评价(LCA)的原则与框架，涵盖了生命周期评价和生命周期清单(LCI)研究。它没有详细描述生命周期评价技术，也没有规定生命周期评价各个阶段的方法。LCI的目标或应用范围不在本标准的适用范围之内
	ISO14064-3：2006	标准为那些进行或管理温室气体(GHG)声明的验证或验证的人员提供指导。它可以应用于组织或GHG项目量化，包括根据ISO 14064-1或ISO 14064-2进行的GHG量化、监测和报告
	ISO 14026：2017	标准为产品环境足迹提供原理、要求和指南
	ISO 22526-1：2020	标准规定了生物塑料制品的碳足迹和环境足迹的一般原则和系统界限

1.3　绿色设计实施过程与步骤

绿色设计过程可以被概括为“133”的过程，即一定的设计程序、3个设计目标和3个主要部分[42]。一定的设计程序是指绿色设计必须遵循的一定的系统化设计流程；3个设计目标分别是提高产品的资源能源利用率、降低产品生命周期成本以及产品无环境污染或环境污染最小化；绿色设计的3个主要部分为保证材料输入与输出之间的平衡、考虑并分配产品的环境费用以及对设计过程进行系统性研究。

绿色设计可以被划分为准备阶段、需求分析、绿色产品方案设计、绿色产品详细设计、绿色设计评价和绿色设计的实施与完善等步骤，绿色设计知识库在整个设计流程中也发挥着至关重要的作用。绿色设计流程如图1.8所示。

1）准备阶段

绿色设计的准备阶段是绿色设计的前期工作，其包含3个步骤：企业决策层认可、成立绿色设计小组和绿色设计实施规划与培训。企业进行的绿色设计是一个系统工程，其绿色意识需要经过长时间的培养和积累，因此需要决策层有意识地开展相关活动，培养绿色设计的能力，成立绿色设计工作组并有计划地进行培训。

2）需求分析

需求是产品创新的动力，绿色产品的出现就是为了满足人们对环境保护的需求。产品绿色设计的最根本依据是市场和用户的实际需求，企业唯有准确地把握市场及用户需求，才能在激烈的市场竞争中快速调整产品研发策略，从而获得经济效益。因此，绿色产品的开发更加强调用户需求分析对绿色产品设计过程的重要性。客户需求一般指用户对产品的要求，是消费者对产品使用功能、性能及价格等方面的要求和愿望，是客户要求的汇总[43]。产品的绿色需求不仅包含传统意义上客户对产品功能、性能、质量和价格等方面的要求，还增加了产品在整个生命周期中对环境的影响要求。客户是设计任务的核心要素，其可以被视为产品开发的起点和终点[44]。相比于传统产品，绿色产品的客户需求更多更复杂，这就需要用更加科学规范的方法进行设计。

由于绿色产品的客户需求更多、范围更广，因此绿色客户的需求也更困难，需要从多方面入手来获取。根据绿色产品的特点分析，绿色产品的需求获取应包括获取功能、材料、结构、制造工艺、运输销售、使用、回收和环境影响等各方面的信息，也应该包含各地关于环境保护的法律法规相关内容。获取到产品的需求后应对其进行分析，借助辅助分析决策工具使问题清晰化、条理化，并将不同的需求分类归纳，提取出其中的环境需求。最后将客户的需求转换成产品的工程参数表达出来，方便后续设计工作的进行。

绿色需求的分析可按照产品绿色需求的结构化表达→产品绿色需求的重要度

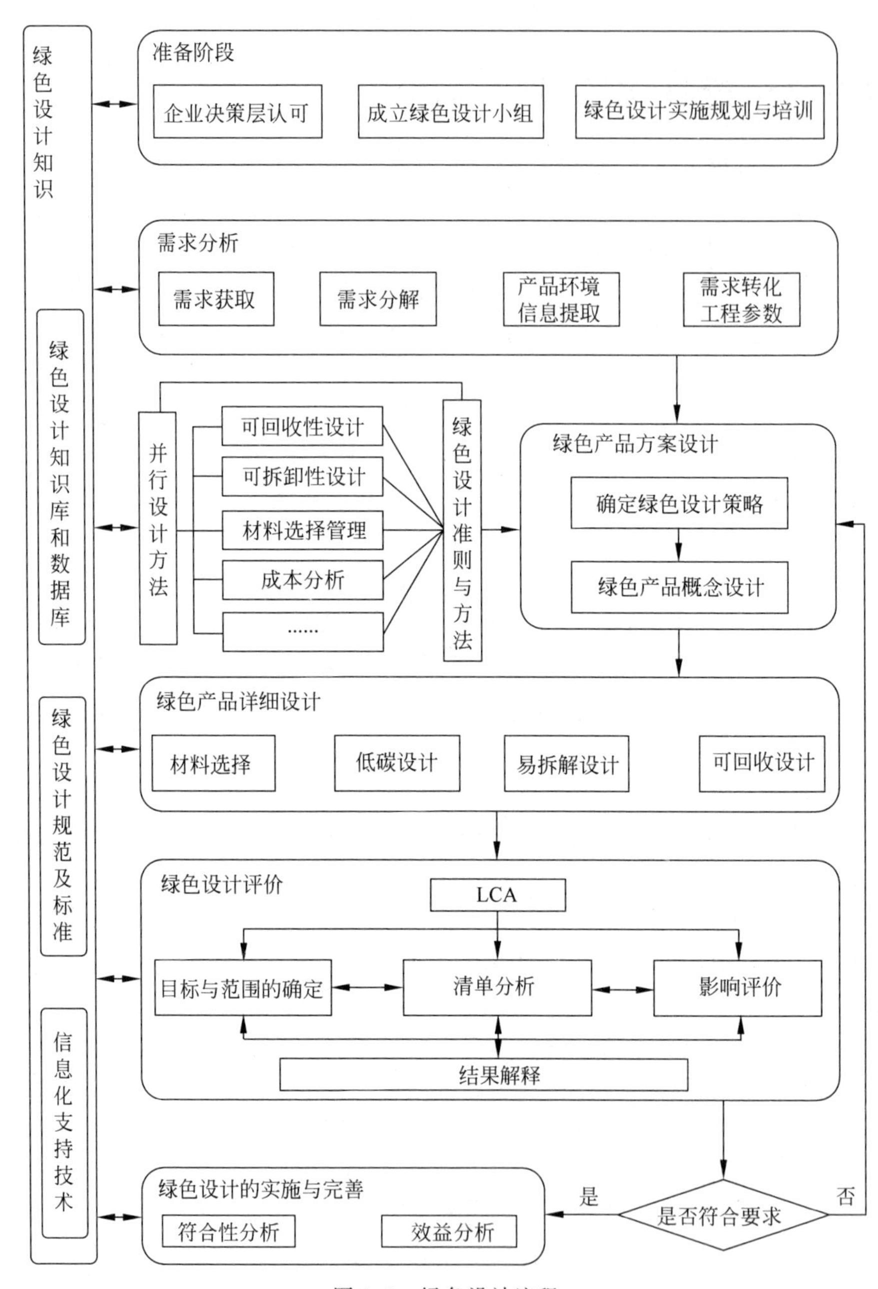

图 1.8 绿色设计流程

分析→产品绿色需求预测的流程来进行。产品绿色需求的结构化表达是将收集的大量模糊、抽象、不完整的信息分析整理，生成结构化的绿色产品信息集，包括产品需求分解、语义分割、需求单元规范化、需求合并与补充等步骤。重要度分析的意义则是考虑到同时过多的产品需求会加大需求分析的难度，所以要对这些需求进行去芜存菁，优先考虑重要的基本需求。绿色产品的需求不是静态的，而是会随着时间推移不断变化的，因此在分析时需要充分考虑到各方面的因素，进行合理预测。

3）绿色产品方案设计

绿色产品方案设计是根据产品生命周期各个阶段的要求，对比可实现功能、满足技术经济和环境指标的各种可行方案，并最终确定最优设计方案的过程，即求解出满足产品功能要求、实现功能结构的工作原理载体方案的构思和系统化设计[45]。绿色产品方案设计的优劣直接影响其产品绿色性能的实现程度，也能直接影响该产品对客户需求的满足程度。

在进行方案设计之前首先要确定绿色设计策略。绿色设计中遵循的不同技术路线被叫作绿色设计策略。绿色设计策略的确定是绿色设计的核心内容之一，通常也是产品设计人员进行绿色设计的指导原则。在确定绿色设计策略的阶段，设计人员需要完成资源和能源的最佳分配[46]。确定绿色设计策略时要先注重系统化，即从人、产品与自然和谐的角度去思考设计，倡导降低能源的消耗及能量的循环利用。绿色产品的出现不应打破人与自然之间的平衡关系，而应该实现产品、人和自然之间的和谐共生，因此整个系统内的每个个体不但能单独存在，还能同时为其他个体提供能量、信息、便利等，这就需要设计师采用共生的设计策略。绿色设计策略还应考虑文化生态的因素，针对不同的地域特点、民族文化和国家历史进行设计，借助新技术创造新产品的同时保证产品符合当地的文化特色，表现出应有的历史文脉特征。除此之外，绿色产品在设计时应该适度地从人类基因延续的角度来考虑，适当尝试高新技术手段等[13]。绿色设计的策略是通过讨论并结合绿色设计工具来确定的，其内容要集思广益，不应局限于绿色设计小组的成员，企业决策层、营销人员、环境工程师、行业内的专家学者以及用户的意见和建议都应被考虑在内。除此之外，建立检查表并持续跟进绿色设计的情况也是绿色设计策略的一部分，这一举措可以确保解决绿色设计产品在各阶段的重点问题。

对绿色产品的各个功能进行分解并分别建模后可以发现，其每一个基础的功能往往对应一个具体的物理结构。随后便可以分析各功能之间的相互关系，并对产品进行优化。产品结构要素的绿色性能是产品绿色性能的基础，通过建立用户需求与产品环境技术措施、产品结构要素之间的相互关系，可以确定产品结构要素对应的环境技术要求。

事实上，目前的绿色设计是在常规设计的基础中融合绿色设计的要求来实现的，设计人员在进行绿色设计工作时可以参考一些已有的设计案例，借鉴其他产品的设计经验，避免把精力浪费在常规设计上。需要注意的是，绿色设计是注重整体的组合设计，有时局部的最优解并不意味着整体的绿色性能达到了最优，产品的各部分之间如何协调工作也是在进行绿色设计时需要考虑的一个方面。

4）绿色产品详细设计

对于一些已有的产品设计而言，改造为绿色化的设计往往不必将其全部推翻重来,而是可以优化改进其中的部分设计,增强产品的绿色性能,让产品符合新的绿色需求；而对于已经完成的绿色产品,设计者也可以精益求精,补足短板,追求更为完美的设计。

绿色产品详细设计需要按照之前制定的产品设计策略与设计方案,完成产品的具体结构设计。这就需要产品设计人员在选材时既要考虑材料本身的环境性能,也要考虑材料在整个产品制作的过程中是否能够耗费较少的能源、几乎不产生或最大限度上产生较少的有害气体或物质。同时,在设计方面,产品是否考虑低碳设计,从源头上降低产品碳足迹；是否具有良好的拆卸性能,避免造成大量可重复利用零部件材料的浪费或废弃物污染环境；是否具有良好的可回收性能,使零部件及材料资源和能源得到充分有效地利用、使环境污染最小化等也都是设计人员要思考的问题。总的来说,这一阶段就是通过一定的方法和手段提高材料环保性、低碳排放性、易拆解性、可回收性等产品的绿色性能。

5）绿色设计评价

产品的绿色性能是否满足预期设计的目标、是否还具有改进的潜力、如何优化等是进行绿色设计时需要考虑的问题。要回答这些问题,就需要进行绿色性能分析和评价。产品的绿色性能是基于产品生命周期评估而来的,与产品生命周期中的制造阶段的环境性能、产品的可拆卸性能和回收性能息息相关。在绿色设计评价时通常将这三者通过人为加权的方式联系起来,以衡量产品整体绿色性能的好坏。生命周期评估涉及大量的数据,单靠人工很难处理,目前市场上有许多商业生命周期评估软件,它们为进行可持续产品设计提供了宝贵的帮助。设计人员可以根据各软件生命周期评估的算法、使用难度、数据库大小和可靠程度、更新及运算的透明度等来选择合适的生命周期评价软件[47]。

6）绿色设计的实施与完善

对于企业的具体产品而言,绿色设计方案的完成并不代表绿色设计工作就已完全结束。在企业应用该方案后,这一方案对初期目标的满足程度、新方案所表现出来的不足之处、实际的环境与经济效益等问题都需要企业不断跟进,并以此为据进一步完善产品的绿色设计。完善的主要内容有符合性分析和效益分析等。符合性分析的目的是分析产品的实际情况与所确定的绿色设计策略之间的差距大小,找到设计成功的地方和不足的地方,吸取经验并进一步优化；效益分析是分析产品的环境效益和经济效益,为产品进一步改善提供帮助。成熟的产品设计经验可以在其他的产品或行业内进行推广[48]。

7）绿色设计知识库和绿色设计知识

绿色设计知识库是一个庞大而复杂的数据库,是对大规模定制模式下绿色设计过程的有效数据支持。它一般包括产品信息知识库、产品冲突规则知识库和产品绿色性能知识库。其中,产品信息知识库一般包含功能、材料、结构、工艺、拆卸与回收等常规信息；产品冲突知识库中包含了解决冲突信息的产品案例和解决方法；产品绿色性能知识库则包含和绿色性能有关的如污染物排放、能耗、资源、成本等方面的信息。

绿色设计知识是在产品绿色设计过程中所产生的，是用来辅助绿色设计的各种知识的总称，是对产品全生命周期设计内容的概括、分析与总结，其具体形式包括设计人员的设计经验、形成满足设计约束的二维或三维设计图、设计方案等[49]。绿色设计知识存在于产品生命周期的整个阶段，可以无损失地被设计人员共享和利用。另外，绿色设计的知识库会随着绿色设计知识的产生到重用而被不断丰富。

习题

1. 举例说明制造业发展给环境带来了哪些危害。
2. 为什么说绿色设计必然担当着启动绿色发展"第一杠杆"的功能？
3. 简述绿色设计的定义。
4. 试从不同方面对传统设计与绿色设计进行比较。
5. 绿色设计的原则有哪些？

参考文献

[1] 曹斌，李文涛，杜国敏，等. 2030年后世界能源将走向何方？——全球主要能源展望报告分析[J]. 国际石油经济，2016，024(11)：8-15.

[2] 赵立群，张敏，陈彤. 中国重要金属矿产资源现状，供需，进出口数据集[J]. 中国地质，2019，46(S1)：110-114.

[3] 刘志峰，刘光复. 绿色制造[M]. 北京：中国科学文化音像出版社，2002.

[4] 杨小星，赵晓冬. 浅谈制造业绿色发展[J]. 中国战略新兴产业，2018(32)：37.

[5] 吴智慧. 各国矿产储量潜在总值研究[J]. 地质科技通报，1994(3)：27-28.

[6] 《中国能源》编辑部. 2018中国生态环境状况公报发布[J]. 中国能源，2019，41(6)：1.

[7] 李玉中，王海燕. 城市水污染防治策略[J]. 河南水利与南水北调，2008(11)：33-34.

[8] 张静. 浅析土壤污染现状与防治措施[J]. 农业与技术，2020，40(11)：130-132.

[9] 沈永平，王国亚. IPCC第一工作组第五次评估报告对全球气候变化认知的最新科学要点[J]. 冰川冻土，2013(5)：10-18.

[10] 牛文元. 绿色设计是启动绿色发展的第一杠杆[J]. 中国科学院院刊，2016，31(5)：491-498.

[11] 曹华军，李洪丞，曾丹，等. 绿色制造研究现状及未来发展策略[J]. 中国机械工程，2020，031(002)：135-144.

[12] 刘志峰，刘光复. 绿色设计[M]. 北京：机械工业出版社，1999.

[13] 任新宇，王倩. 论绿色产品设计的特征及策略[J]. 设计，2018(8)：108-110.

[14] BAI K. A study on the application of green design theory in environmental art design[J]. IOP Conference Series Materials Science and Engineering，2019，484：012051.

[15] ZHENG Z F, SU K. The development of green design and research on product design for recycling[J]. Applied Mechanics & Materials,2014,686: 702-706.

[16] ANASTAS P T, ZIMMERMAN J B. Design through the 12 principles of green engineering[J]. Environmental Science & Technology,2003,37(5): 94A.

[17] 傅志红,彭玉成.产品的绿色设计方法[J].机械设计与研究,2000(2): 10-12,6.

[18] MANESH H F, SCHAEFER D, HASHEMIPONR M. Information requirements analysis for holonic manufacturing systems in a virtual environment[J]. The International Journal of Advanced Manufacturing Technology,2011,53(1-4): 385-398.

[19] NAHM Y E, ISHIKAWA H,INOUE M. New rating methods to prioritize customer requirements in QFD with incomplete customer preferences[J]. The International Journal of Advanced Manufacturing Technology,2013,65(9-12): 587-604.

[20] CHANG T R, WANG C S,WANG C C. A systematic approach for green design in modular product development[J]. The International Journal of Advanced Manufacturing Technology,2013,68(9-12): 2729-2741.

[21] 李方义,刘钢,汪劲松,等.模糊AHP方法在产品绿色模块化设计中的应用[J].中国机械工程,2000(9): 46-49,5-6.

[22] 鲍宏,刘光复,张雷,等.面向多样性和绿色性需求满意的产品配置设计[J].中国机械工程,2012,23(7): 815-822.

[23] 肖人彬,林文广.数据驱动的产品创新设计研究[J].机械设计,2019,36(12): 1-9.

[24] HOLMES J W, YONG H P,JONES J W. Tensile creep and creep-recovery behavior of a SiC-fiber Si_3N_4-matrix composite[J]. Journal of the American Ceramic Society,2010,76(5): 1281-1293.

[25] ZHANG C, HUANG H H,ZHANG L,et al. Low-carbon design of structuralcomponents by integrating material and structural optimization[J]. Springer International Journal of Advanced Manufacturing Technology,2018,95(9-12): 4547-4560.

[26] KAM B H, CHRISTOPHERSON G, SMYRNIOS K X, et al. Strategic business operations,freight transport and ecoefficiency: A Conceptual Model[M]. New York,2006: 103-116.

[27] ZHANG L, JIANG R,JIN Z F,et al. CAD-based identification of product low-carbon design optimization potential: a case study of low-carbon design for automotive in China [J]. Springer International Journal of Advanced Manufacturing Technology,2019,100(1-4): 751-769.

[28] 刘志峰,成焕波,袁合.面向家电产品的易拆解可回收设计系统研究[J].中国机械工程,2014,25(16): 2213-2218.

[29] 张宠元,魏巍,詹洋,等.面向主动回收的产品模块化设计方法[J].中国工程科学,2018,20(2): 42-49.

[30] SHI J,WANG Y,FAN S,et al. An integrated environment and cost assessment method based on LCA and LCC for mechanical product manufacturing[J]. The International Journal of Life Cycle Assessment,2019,24(1): 64-77.

[31] PENG S,LI T, WANG Y, et al. Prospective life cycle assessment based on system dynamics approach: a case study on the large-scale centrifugal compressor[j]. Journal of Manufacturing Science and Engineering,2019,141(2).

[32] UNTERREINER L, JÜLCH V, REITH S. Recycling of battery technologies-ecological impact analysis using life cycle assessment (LCA)[J]. Energy Procedia, 2016, 99: 229-234.

[33] 宋小龙,李博,吕彬,等.废弃手机回收处理系统生命周期能耗与碳足迹分析[J].中国环境科学,2017,37(6):2393-2400.

[34] LIU Y, LIU L, LIU H, et al. Mining domain knowledge from app descriptions[J]. Journal of Systems and Software, 2017, 133: 126-144.

[35] HAO, QIN, HONG W, et al. A RFBSE model for capturing engineers' useful knowledge and experience during the design process[J]. Robotics & Computer Integrated Manufacturing, 2017, 44: 30-43.

[36] 郭鑫,赵武,王杰,等.面向创新设计的工艺设计知识模型及检索方法研究[J].机械工程学报,2017,53(15):66-72.

[37] 张发平,李丽.基于多维层次情境模型的业务过程知识推送方法研究[J].计算机辅助设计与图形学学报,2017,29(4):751-758.

[38] 佚名.轻量化及创新材料组[J].汽车制造业,2021(Z1):14-15.

[39] 曹雅莉.浅析节能设计理念在机械制造与自动化中的应用[J].装备制造技术,2013(8):257-258.

[40] 佚名.超轻量化全铝车身低能耗高强度 蚂蚁打造绿色环保出行新选择[EB/OL].(2020-11-20)[2021-11-24]. http://www.cheryev.cn/home/ppxw/xwzx/xw/detail-406.shtml.

[41] 佚名.BMW 再制造和翻新是一回事吗?看完就知道区别了![EB/OL].(2020-12-31)[2021-11-24]. https://www.sohu.com/a/441799187_492516.

[42] 刘光复,刘志峰,等.绿色设计与绿色制造[M].北京:机械工业出版社,1999.

[43] 杨云,欧志斌.面向产品绿色设计的客户需求分析与处理[J].中国市场,2011,000(10):52-56.

[44] MASSBERG W. Removed: the competitive edge-the role of human in production[J]. CIRP Annals-Manufacturing Technology, 1997, 46(2): 653-662.

[45] 邹慧君,汪利,王石刚,等.机械产品概念设计及其方法综述[J].机械设计与研究,1998(2):6-9,3.

[46] BAI Z, MU L, LIN H. Green product design based on the bioTRIZ multi-contradiction resolution method[J]. Sustainability, 2020, 12(10): 1-15.

[47] REN Z M, SU D Z. Comparison of different life cycle impact assessment software tools[J]. Key Engineering Materials, 2014, 2616: 44-49.

[48] 张京辉.绿色设计与机械制造业的可持续发展[J].现代制造工程,2003(S1):88-90.

[49] 张雷,郑辰兴,钟言久,等.基于粗糙集的机械产品绿色设计知识更新[J].中国机械工程,2019,30(5):595-602.

第2章

绿色产品概念设计

基本概念

概念设计：确定任务之后，通过将其抽象化来拟定功能结构，寻求适当的作用原理及其组合等，确定出基本求解途径，得出求解方案，这一部分设计工作叫作概念设计。

质量功能展开(quality function deployment，QFD)：一种在产品开发过程中最大限度地满足客户需求的系统化的、用户驱动式的质量保证与改进方法。

模块化设计：在对一定范围内的不同功能或相同功能的不同性能、不同规格的产品进行功能分析的基础上，划分并设计出一系列功能模块，通过模块的选择和组合来构成不同的产品，以满足市场不同需求的设计方法。

产品配置：针对客户需求转换为正确完整的商业、技术、生产、成本的产品信息所需的知识进行识别和规范的描述，知识则是用来支持计算机对命令的获取和执行。

基于实例推理(case-based reasoning，CBR)：通过访问实例库中的同类实例(源实例)的求解从而获得当前问题(目标实例)解决方法的一种推理技术。

产品创新：产品某项技术经济参数质和量的突破与提高，包括新产品开发与老产品改进，它贯穿产品的构思、设计、试制、营销的全过程，是功能创新、形式创新、服务创新等多维交织的组合创新。

TRIZ：一个问题解决的困难程度取决于对该问题的描述或程式化方法，描述得越清楚，问题的解就越容易找到。TRIZ中，发明问题求解的过程是对问题不断描述、不断程式化的过程。经过这一过程，初始问题最根本的冲突被清楚暴露出来，能否求解已很清楚，如果已有的知识能用于该问题则有解；如果已有的知识不能解决该问题则无解，需等待自然科学或技术的进一步发展。

2.1　绿色产品概念设计简介

概念设计是在需求分析的基础上建立的、进行产品功能原理方面的设计，即在确定任务书以后，通过抽象化来认识本质问题，建立功能结构，并通过寻求合适的作用原理将其组合成作用结构，确定原理方案，最后从多个方案中排序优选，取得最佳的原理方案[1]。

与一般的产品设计相比，绿色设计充分考虑了产品的环境性能，力争在设计阶段减少产品在整个生命周期中对环境的负面影响。绿色设计与传统设计一样，需要经过概念设计和详细设计等设计阶段，不同的设计阶段担负着不同的设计任务。绿色设计实际上是对传统设计的一种突破和创新，而产品设计人员在这一设计过程中起着至关重要的作用。绿色设计的这种创新性也正暗示了概念设计阶段对整个设计的进程和最终结果有着决定性的影响。

通过在概念设计阶段进行有效的绿色需求分析可了解产品在生命周期各个阶段的影响方式和程度，明确绿色设计的任务，为后续的绿色设计过程奠定基础。不同的产品原理设计方案影响着产品的结构方式、材料选择等产品属性，这些产品属性对产品的绿色性能起着决定性作用。在概念设计阶段对绿色产品的概念设计方案进行定性评价，可以避免由于设计失误带来的对环境有重大影响的产品属性的产生。

2.2　绿色产品概念设计特点与过程

2.2.1　绿色产品概念设计的特点

绿色产品概念设计力图通过创新思维，从功能、行为、载体3个角度和层面去改变产品的基本性能，实现产品生命周期的性能优化，减少产品对环境的影响。该方法有如下特点[1]：

(1) 层次性。概念产品本身的层次性决定了产品绿色性能优化的层次性。

(2) 关联性。产品概念设计方案由多个功能、行为、载体构成，它们之间并非孤立存在的，而是相互关联的。

(3) 模糊性。模糊性是指影响产品某一生命周期性能的原因往往具有模糊性。

(4) 多样性。绿色产品概念设计的多样性主要体现在其设计路径和设计结果的多样性上。

2.2.2 绿色产品概念设计的过程

根据绿色产品特征可将其概念设计划分为以下步骤：

(1) 绿色产品需求分析：准确地理解和分析产品需求是顺利开发产品的基础，产品需求的获取、定义和分解是产品需求分析的重要环节，其直接影响到产品开发过程的其他后续步骤。在以满足客户个性化需求为目标的产品配置设计中，客户需求信息的正确获取及其向产品配置参数的转换是得到合理配置结果的基础。绿色产品的需求分析又可被分为两个阶段，首先是绿色产品客户需求的获取，其次是客户需求向产品工程参数的转换，其中 QFDE 方法和数据挖掘技术是两种常用的转换方法。

(2) 绿色产品模块化设计：绿色模块化设计方法强调将绿色设计思想和模块化方法相结合，采用自顶向下的设计思想以形成闭环设计过程。绿色模块化设计主要分为 4 个阶段：第一是通过市场调查、功能映射和功能分析等方法形成各子功能的虚拟零件序列；第二是模块划分，将虚拟零件序列按照一定的模块划分方法聚合到不同的模块中去，模块划分的关键在于划分准则和制定划分方法；第三是模块组合，选择不同的模块将其组合成不同功能或规格的产品并进行模块间的接口设计；第四是模块评价，对产品的模块化程度、绿色程度进行综合评价，并将分析结果反馈至设计者处进行改进设计。

(3) 绿色产品配置设计：利用产品配置技术可以快捷、准确地配置出符合客户需求的概念产品，完成产品的方案设计。绿色产品配置设计强调将绿色设计思想与大规模定制中的配置技术相结合，以绿色产品族知识库中已有的产品为原型，将用户需求转化为配置机制，通过对原型产品零部件的借用、修改或重新设计而得到新的产品。基于实例推理和优化配置是两种常用的绿色产品配置设计方法。

(4) 绿色产品创新设计改进：绿色产品创新设计改进主要可以被分为 4 个部分：首先是基于功能分析和模糊物元的创新设计问题分析；其次是基于 TRIZ 冲突矩阵的绿色创新设计，通过分析设计问题确定冲突并明确要改进和优化的设计属性，利用关联表将其转化成冲突矩阵中相应的工程参数，然后根据工程参数利用 TRIZ 冲突矩阵表获得发明原理，形成创新设计方案；再者是基于物质-场分析的绿色创新设计，在进行产品绿色设计时，产品物质-场模型中 3 元件间相互作用的效应可能会与设计者所追求的效应产生冲突，这时就需要利用 TRIZ 物质-场分析中的一般解法和 76 个标准解来求解冲突；最后是基于简化 LCA 的绿色创新设计，基于矩阵式的简化生命周期评估方法，既可以体现产品生命周期各个阶段的环境性能，又可以节省时间和成本。

绿色产品概念设计过程示意图如图 2.1 所示。

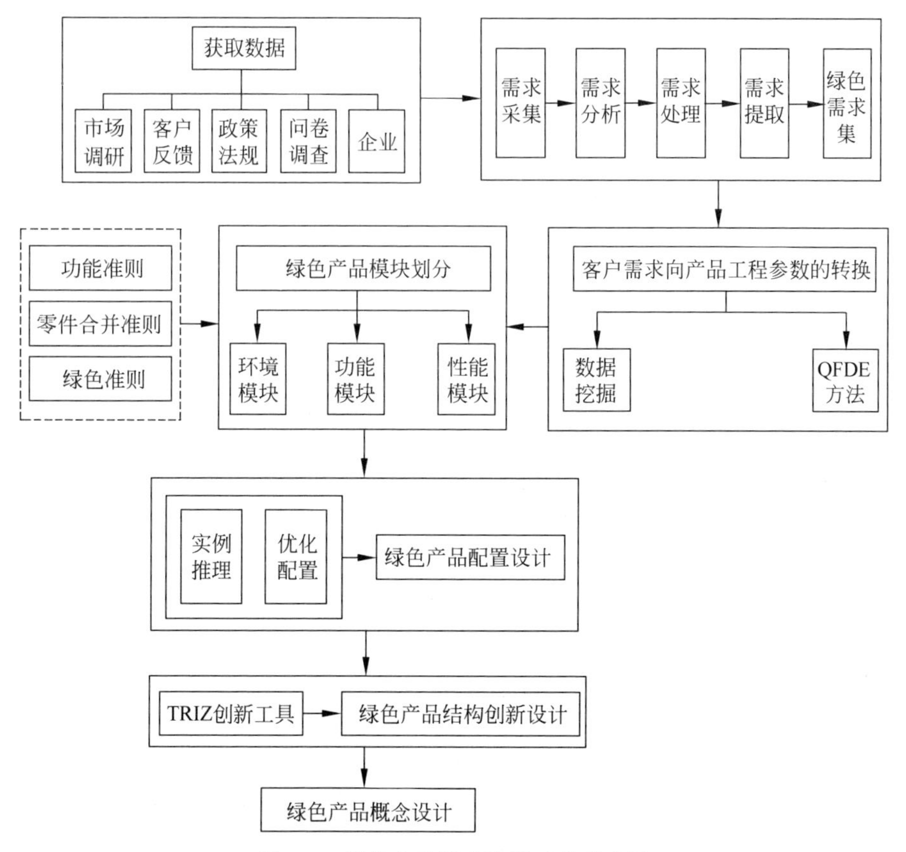

图2.1 绿色产品概念设计过程示意图

2.3 关键技术

2.3.1 绿色产品需求分析

1. 获取绿色产品客户需求

获取绿色产品客户的需求是面向绿色产品设计前端的基础性工作，其在整个研究过程中具有重要意义。设计者只有充分获取客户环境需求并对其进行分析和转化，同时与客户进行及时的交流，才能开发出既环保又受欢迎的产品，提高客户对产品的满意度。获取绿色产品需求信息的方式主要有用户需求调查、其他企业同类产品的样本分析以及检索各类文献等。获取客户环境需求的流程如图2.2所示[2]。

经过前述方法获取到的客户需求大多数是一些抽象模糊甚至是前后矛盾的碎片化信息，往往无法直接用于指导设计过程。因此，在收集到足够多的用户需求之

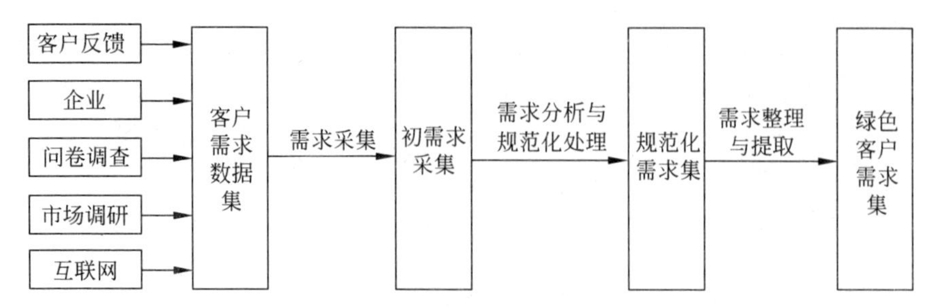

图 2.2　获取客户环境需求的流程

后，应当对获取到的信息进行一定的筛选处理工作，也就是将这些混乱模糊的客户需求集合解释为具体明确的配置要求和目标。

分解产品需求是解决这一问题的有效方法。分解需求的目的是将隐含有各种产品信息的模糊语言分解、重构，使之成为可以为设计者理解或者是可以独立的基本需求单元。客户需求分解的结果可由式(2.1)描述[3]。

$$R_i = r_{i1} \cup r_{i2} \cup r_{i3} \cup \cdots \cup r_{iq} \tag{2.1}$$

式中，R_i 为复杂客户需求；q 为复杂客户需求分解为基本需求单元的数目；r_{ij} 为基本需求单元，$j=1,2,\cdots,q$。

分解客户需求的基本过程包括语义分解、语义转换、需求合并以及需求补充4种方式，其整个流程如图2.3所示。

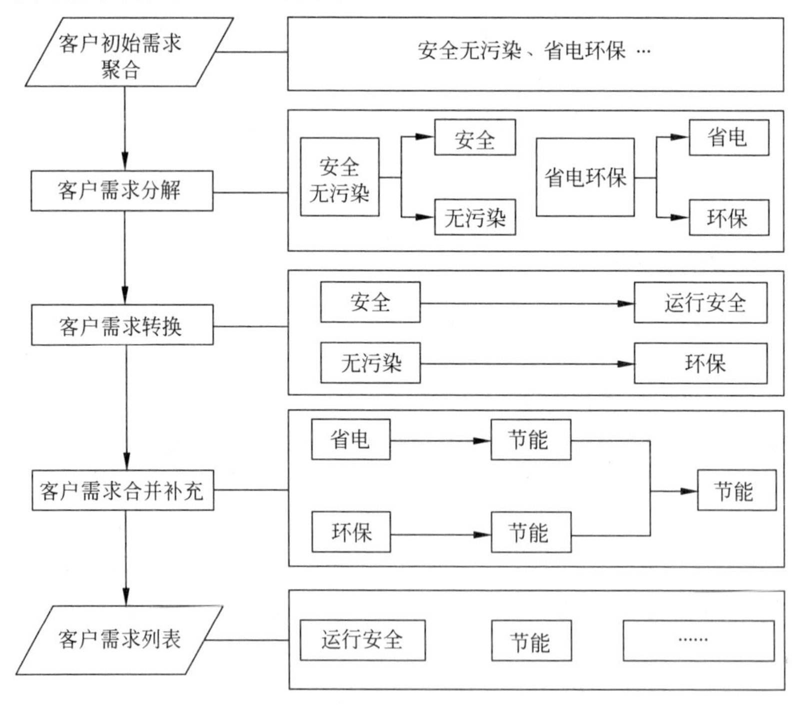

图 2.3　分解客户需求的流程

要注意的是，在进行客户需求分解的操作时设计人员应当遵守一定的规则：分解之后的需求单元必须是独立的，并且是具体、可理解的专业化描述。经过组合或者补充的需求单元必须能够完整正确表达用户的原始意愿，不可以产生歧义，也不能出现客户需求信息增加而超出客户原始意愿范围的现象。

在经过以上步骤之后便得到了清晰且专业化、可供设计者理解或者是可以独立的基本需求单元。这将在接下来的产品设计中起到极大的指导作用。

环境需求信息是绿色设计需求分析中最重要的信息，一般以模糊的、隐含的方式存在于一般客户需求之中。常规需求与产品的环境性能有着不同程度的联系，需要进一步分析和判断。因此，为了进一步从常规需求中获取环境需求，需要对常规需求进行环境因素提取。这一步应该由具有丰富经验的产品设计专家、环境专家等对需求分解所得到的常规需求单元进行分析和判断，找出其中隐含的环境需求[3]。产品环境需求的提取流程如图2.4所示。

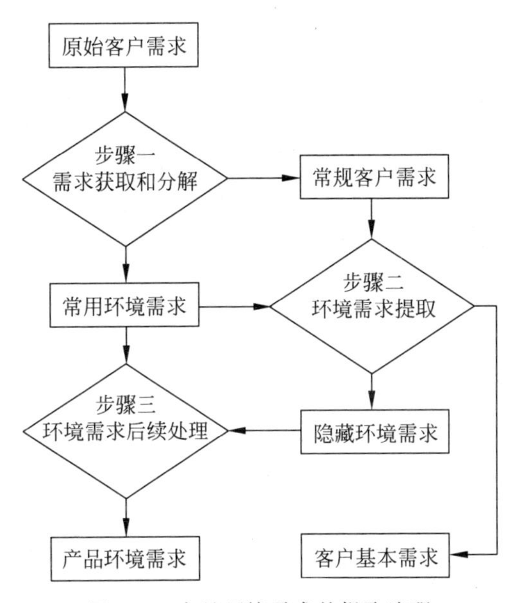

图2.4　产品环境需求的提取流程

2. 客户需求向产品工程参数的转换

产品特性是满足客户需求的载体，也是产品开发的具体操作对象。在对绿色产品的客户群进行细分之后，可以得到每一个特定客户群体的环境需求偏好，紧接着就是要将客户需求融入产品开发中，将特定客户群体的环境需求转化为产品的工程技术需求，以确定后续绿色产品开发的目标和要求。

虽然客户需求在经过分解等处理后形成的都是彼此独立的需求单元，但由于客户需求都是客户从自身角度提出的对产品功能、性能和结构的要求，对于企业后续的产品族规划以及产品配置设计并不能起到直接的指导作用，所以从设计角度考虑，设计人员需要将客户需求转化为产品技术指标，使之能够便于设计人员理解和使用，从而引导和驱动产品的设计过程。有效和准确地实现客户需求与技术指标之间的映射是客户需求分析的核心步骤之一，也是客户需求在产品研发过程中得到有效传递和贯彻的前提，更是决定企业成功研发产品的关键[4]。

QFD 方法

1）基于改进 QFDE 的客户需求转换过程

随着用户环保意识的增强，传统的 QFD 已经无法满足用户的环境需求。因此，一种改进的 QFD 方法应运而生——绿色质量机能展开（quality function deployment for environment，QFDE）。这种方法更全面地考虑了产品全生命周期中从获取原材料到产品回收之间各个阶段的特征，同时考虑并分析了用户的环境需求，实现了用户的环境需求到产品的环境性能权重的转化。QFDE 与 QFD 的实现步骤相似，首先是确定客户需求，其次是得到客户需求权重，一旦以上两点确定后，就应该以具体的产品生命周期各阶段特性为基础，确定该产品的技术需求并构建客户需求与技术需求的关系矩阵并对产品技术需求进行重要度判定，最后便可以得到各技术需求的设计要点。

基于改进 QFDE 的客户需求转换过程主要包括了对客户需求的采集与分类、确定客户需求的重要度、确定产品技术的需求、构建关系矩阵、确定技术需求的重要度以及确定零部件备选集及其技术参数等几个方面，具体转换过程见图 2.5。在前述中已介绍过客户需求的分解与环境因素的提取，下面将主要介绍转化过程的剩余模块。

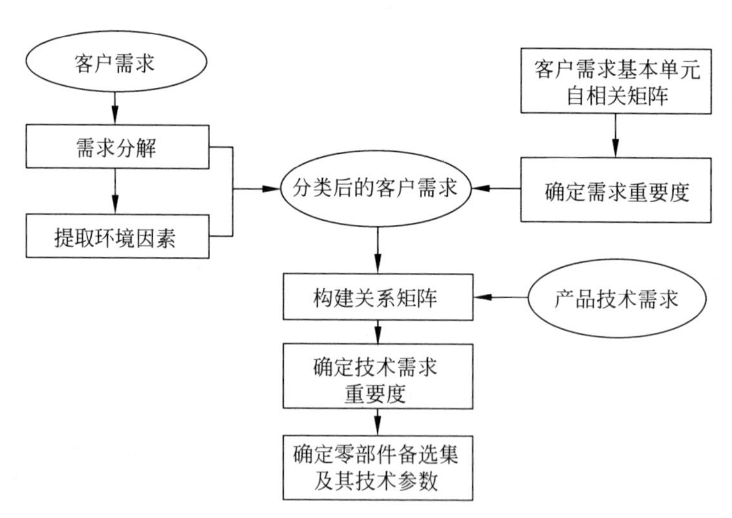

图 2.5　基于改进 QFDE 的客户需求转换过程

（1）确定客户需求的重要度。将处理后得到的客户需求基本单元集合表示为 $R=\{r_1, r_2, \cdots, r_u\}$，则客户需求单元自相关矩阵如表 2.1 所示。

表 2.1　客户需求单元自相关矩阵

	r_1	r_2	r_3	…	r_u	W
r_1	z_{11}	z_{12}	z_{13}	…	z_{1u}	$\boldsymbol{w}_1$
r_2	z_{21}	z_{22}	z_{23}	…	z_{2u}	$\boldsymbol{w}_2$
r_3	z_{31}	z_{32}	z_{33}	…	z_{3u}	$\boldsymbol{w}_3$
⋮	⋮	⋮	⋮		⋮	⋮
r_u	z_{u1}	z_{u2}	z_{u3}	…	z_{uu}	$\boldsymbol{w}_u$

注：r_i 为客户基本需求单元，$i=1,2,\cdots,u$；z_{ij} 为第 i 项需求单元与第 j 项需求单元相比，对于产品总体性能的影响程度，用"1""3""6""9"来表示，其中"1"表示同等重要，"3"表示稍重要，"6"表示较为重要，"9"表示明显重要；w_i 为第 i 项需求单元的绝对重要度，它代表该需求单元对整个产品性能的影响程度；u 为客户需求基本单元的数量。

为了在需求转换时采用统一的尺度对客户需求的重要度进行处理，可按式(2.2)将绝对需求度 w_i 转化为相对需求度 w_i^T，如下所示。

$$w_i^T = 10\frac{w_i}{\max(w_1, w_2, \cdots, w_u)} \tag{2.2}$$

(2) 产品技术需求的确定。技术需求也可以称为技术特征，是用以满足客户需求的手段，它需要结合具体产品，由具有丰富经验的设计人员及相关专家协作分析得出[4]。

(3) 构建需求关系矩阵。在客户需求向产品工程参数转换的过程中，关键是要确定质量屋中的"房间"，也就是关系矩阵。关系矩阵为设计人员确定产品技术需求的重要性提供了基础。用户需求和技术需求之间可能存在三种关系：

① 一对一关系，即对于某一用户需求，存在唯一的产品技术需求与其相对应；

② 一对多关系，即某一客户需求可能与多项产品的技术需求相对应；

③ 多对一关系，即多个客户需求主要与某一项产品技术需求相对应。

基于以上分析，客户需求与技术需求矩阵如表 2.2 所示。

表 2.2　客户需求与技术需求矩阵

	r_{i1}	r_{i2}	r_{i3}	…	r_{ip}
r_1	s_{11}	s_{12}	s_{13}	…	s_{1p}
r_2	s_{21}	s_{22}	s_{23}	…	s_{2p}
r_3	s_{31}	s_{32}	s_{33}	…	s_{3p}
⋮	⋮	⋮	⋮		⋮
r_u	s_{u1}	s_{u2}	s_{u3}	…	s_{up}

注：r_i 为客户基本需求单元，$i=1,2,\cdots,u$；r_{ij} 为技术需求，$j=1,2,\cdots,p$；s_{ij} 为第 i 项客户需求单元与第 j 项技术需求的相关程度，用"0""1""5""9"来表示，其中"0"表示不相关，"1"表示弱相关，"5"表示中等相关，"9"表示强相关；u 为客户需求基本单元的数量；p 为技术需求的数量。

(4) 确定技术需求的重要度。技术需求绝对重要度 w_j^{ta} 可按式(2.3)进行计算。

$$w_j^{ta}=\sum_{i=1}^{u}s_{ij} \tag{2.3}$$

技术需求相对重要度 w_j^{tr} 可按式(2.4)进行计算。

$$w_j^{tr}=10\frac{w_j^{ta}}{\max(w_j^{ta})} \tag{2.4}$$

(5) 确定零部件备选集及其技术参数。为了支持后续的产品配置过程,仅仅给出产品技术需求的重要度是远远不够的,还需要按照产品配置设计的要求给出备选零部件以及配置约束的集合。这一步需要以具体产品的情况为基础,结合技术需求重要度来进行[3]。

数据挖掘

2) 基于数据挖掘的客户需求转换过程

虽然 QFDE 方法可以将客户需求逐步落实到工程设计中,但是由于这一过程太过烦琐,所以并非所有公司都能好好地利用与发挥这一方法的特性,反而他们会认为这一方法费时又耗力。数据挖掘是一个多学科交叉的综合研究领域,它融合了数据库技术、人工智能、机器学习、统计分析等多个学科领域,基于数据挖掘技术的 QFDE 方法通过仔细分析大量数据以揭示其中有意义的新关系、趋势和模式。这一方法最早出现于 20 世纪 80 年代后期,是数据库研究中一个很有应用价值的新领域。

客户需求数据与工程特征之间是一个复杂的多对多映射关系。为研究这种复杂的关系,可以利用机器学习中监督学习的思想实现数据挖掘。监督学习是通过使用现有培训样本进行培训而获得的最佳模型。该模型可以训练样本输入到输出的映射,因此具有预测未知输出的输入数据的能力。基于历史映射信息将客户需求数据转换为工程特征权重的过程可以获得通过现有样本数据将客户需求数据转换为工程特征权重的最优模型。在输入新的客户需求数据时,可以获得相应的工程特征权重值。以客户需求数据为输入层,以工程特征权重为输出层,采用多层感知器神经网络模型能够建立一套绿色设计工程特征权重预测模型,以反映客户需求数据与工程之间的复杂映射。

图 2.6 所示为基于数据挖掘的绿色设计中客户需求向工程特性转化的过程。

首先,采用实时交流、语义分析等方法对一次客户需求项进行识别;再由经验丰富的设计人员及相关专家根据客户需求、结合具体产品的特点并参考一般的产品工程特性要求来协作分析,得出产品的工程特性项,最后经过整理获得客户的完整数据集。客户需求的选择标准应和工程特性项之间的关联较大,工程特性的选择标准是可选性比较大的项。确定的项即为确定的输入、输出神经元。

在确定输入、输出神经元后,便需要建立训练样本集。一般情况下,由于客户对于理想中的产品会缺乏系统的、准确的描述,所以通过反馈式客户需求获取方式可以获取表述完善的客户需求信息。在建立客户需求和工程特性样本集的过程中,采用模糊层次分析法对样本数据进行处理,通过优先关系和模糊一致化处理可以得到客户需求重要度。根据对客户需求重要度的分析建立其质量屋,通过质量

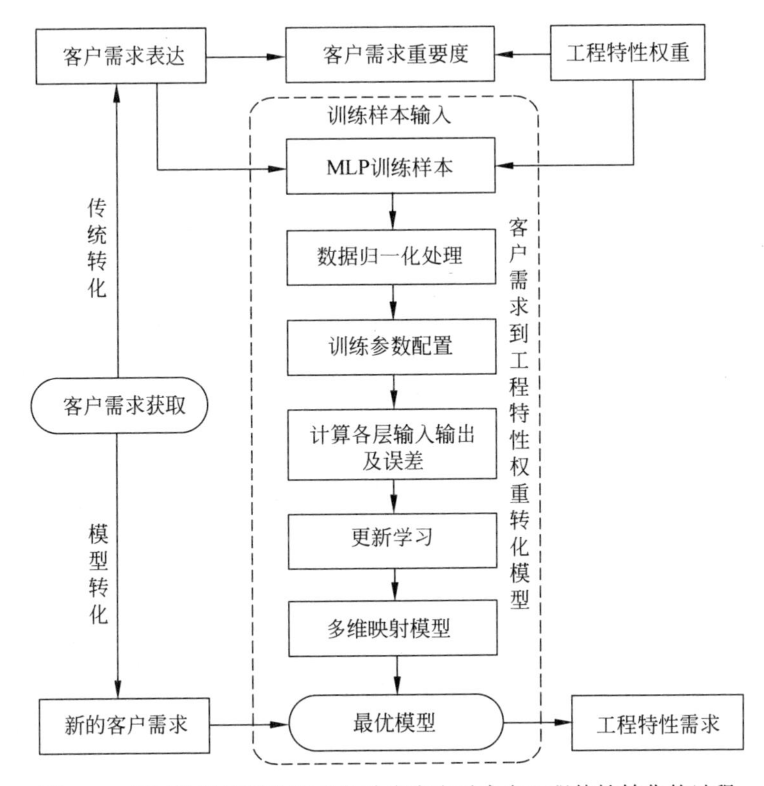

图 2.6　基于数据挖掘的绿色设计中客户需求向工程特性转化的过程

屋的转化可以得到与之对应的工程特性权重,以数据库的形式记录整个转化过程即可得到完整的样本数据集。之后,再把客户需求与工程特性权重提取出来,即可整理得到训练样本集。其中客户需求信息为多层感知器神经网络的输入变量,工程特性权重为输出变量。

然后,将训练样本集输入到多层感知器神经网络并进行模型的建立。利用多层感知器可以得到客户需求数据与工程特性权重之间的学习模型。保存的模型为客户需求数据映射到单一工程特征权重的模型,可以通过算法将工程特征权重输入映射到向量。

最后,选择测试数据验证转化模型是否可行。选择训练样本之外的数据,将输入变量输入到多维模型中,对比传统计算和模型计算的工程特性权重,即可验证方法是否可行[5]。

2.3.2　绿色产品方案设计

高效简单的模块化设计

1. 绿色模块化设计

1）绿色模块化设计的概念

绿色模块化设计方法强调将绿色设计思想和模块化设计方法相结合,采用自顶向下的设计思想，形成一个闭环设计过程。绿色模块化设计方法将设计过程分为概念设计、模块划分、模块组合和模块评价4个相互关联、相互影响的阶段。在这4个阶段中，模块已经取代了零件成为产品设计、制造运输和管理的基本单元，也成为绿色模块化设计方法研究的基本对象。概念设计的主要作用是将用户需求转化为产品的设计目标，通过市场调查、功能映射和功能分析等方法形成基于各子功能的虚拟零件序列；模块划分的主要作用是将虚拟零件序列按照一定的模块划分方法聚合到不同的模块中去，其关键在于划分准则和方法的制定，划分完毕后，即可进行各模块内部的零件设计；模块组合的主要作用是选择不同的模块，将其组合成不同功能或规格的产品并进行模块间的接口设计，其关键在于组合方式的确定和模块编码的建立与应用；模块评价的主要作用是对产品的模块化程度、绿色程度进行综合评价，并将分析结果反馈至设计者处，辅助其进行改进设计。

由于以上4个阶段中的信息可以双向交流，所以绿色模块化设计方法能够保证产品在不断改进中获得最优的性能，以在市场上赢得较强的竞争力。当前主流的三维机械设计软件均已提供了基于特征的实体建模、灵活快速的装配设计、方便实用的工程图转换等强大的功能，还为用户提供了大量供二次开发使用的API。除此之外，该类软件几乎都配置了较为强大的产品数据管理功能。所以，利用该类软件为平台实施绿色模块化设计的效果非常理想。为了增强软件的数据存储功能，构建统一的产品数据模型，通常还须为其辅以数据库管理系统。现有的CAD系统和附加的数据库系统（主要包括模块库和知识库）构成了绿色模块化设计的基础，典型的绿色模块化设计框架如图2.7所示[6]。

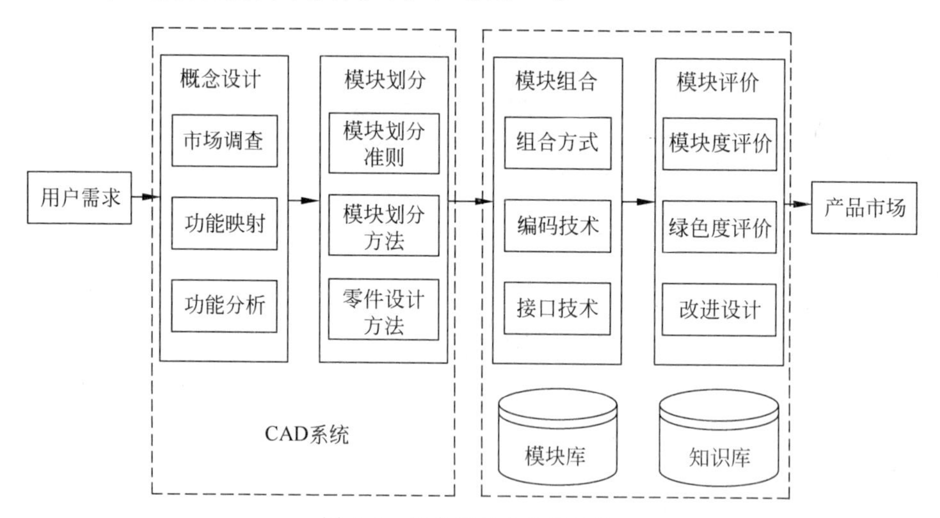

图2.7　绿色模块化设计框架

绿色模块化设计的4个主要阶段都特别需要注意考虑产品的环境性能。在概念设计阶段，需充分研究国家的环保法律法规、已有的先进制造技术与工艺、消费者的环保需要和产品全生命周期内对环境的不利影响等；在模块划分阶段，需充分考虑不同零件在重用、升级、维护、回收和处理等方面的差异，采用合理的方法、按照一定的准则划分模块，尽可能增加产品的环境友好性；在模块组合阶段，通过对不同组合和接口方式的讨论，采用对环境影响最小的方式来组合产品；在模块评价阶段，通过对产品绿色度的评价和分析可以找出影响环境的不利因素并将其反馈至设计人员。经过4个阶段循序渐进的改进，产品的环境性能可以获得较大的提升，最终减少或消除其对环境的不利影响。

绿色模块化设计是指在对一定范围内的不同功能或相同功能的不同性能、不同规格的产品进行功能分析的基础上，划分并设计出一系列功能模块，通过模块的选择和组合来构成不同的产品，以满足市场不同需求的设计方法。模块化设计是绿色设计方法之一，它已经从理念转变为较成熟的设计方法。将绿色设计思想与模块化设计方法结合起来，可以充分满足产品的功能和环境属性。上述措施不仅可以缩短产品研发与制造周期、增强产品性能、提高产品质量、快速应对市场变化，还可以减少或消除产品对环境的不利影响，方便产品的重用、升级、维修和废弃后的拆卸、回收和处理[6]。

2）绿色模块化设计的原则

（1）力求以少量的模块组成尽可能多的产品，并在满足要求的基础上使产品精度高、性能稳定、结构简单、成本低廉，模块间的联系尽可能简单。

（2）模块的系列化，其目的在于用有限的产品品种和规格来最大限度、经济合理地满足客户的各种复杂要求。

3）绿色模块化设计的标准

绿色模块化设计所依赖的是模块的组合，即联接或啮合，这种用于联接或啮合的部分又被称为接口。为了保证不同功能模块的组合或相同功能模块的互换，模块应具有可组合性和可互换性两个特征，而这两个特征就主要体现在接口上，设计者必须提高其标准化、通用化、格式化的程度。例如，具有相同功能、不同性能的单元一定要具有相同的安装基面和相同的安装尺寸，这样才能保证模块能有效组合起来。在计算机行业中，由于采用了标准的总线结构，来自不同国家和地区厂家的模块均能组成计算机系统并协调工作，这一设计使这些厂家可以集中精力，大量生产某些特定的模块，并不断进行精心改进和研究，最终促使计算机技术达到空前的发展。相比之下，机械行业针对模块化设计所做的标准化工作就逊色一些[7]，尚有很大的进步空间。

4）面向绿色设计的模块划分

使用绿色模块化方法来设计一个产品时，需要将零件聚合到不同的模块中，这涉及从客户信息到功能信息的映射与转化、产品功能分析、模块划分算法等。客户信息到功能信息的映射与转化、产品功能分析可以使用QFD技术来实现，而模块划分算法使用较多的是AHP方法、模糊AHP方法、模拟退火算法、人工神经网络中的BP算法等。模块划分的好坏直接影响到模块系列设计的成功与否，总的来说，划分前必须对系统进行仔细的、系统的功能和结构分析，并要注意以下几点：

(1) 模块在整个系统中的作用及其被更换的可能性和必要性。

(2) 要保持模块在功能及结构方面有一定的独立性和完整性。

(3) 模块间的接合要素要便于联接与分离。

(4) 模块的划分不能影响系统的主要功能。

5) 绿色模块化设计的流程

绿色模块化设计的流程如图 2.8 所示。

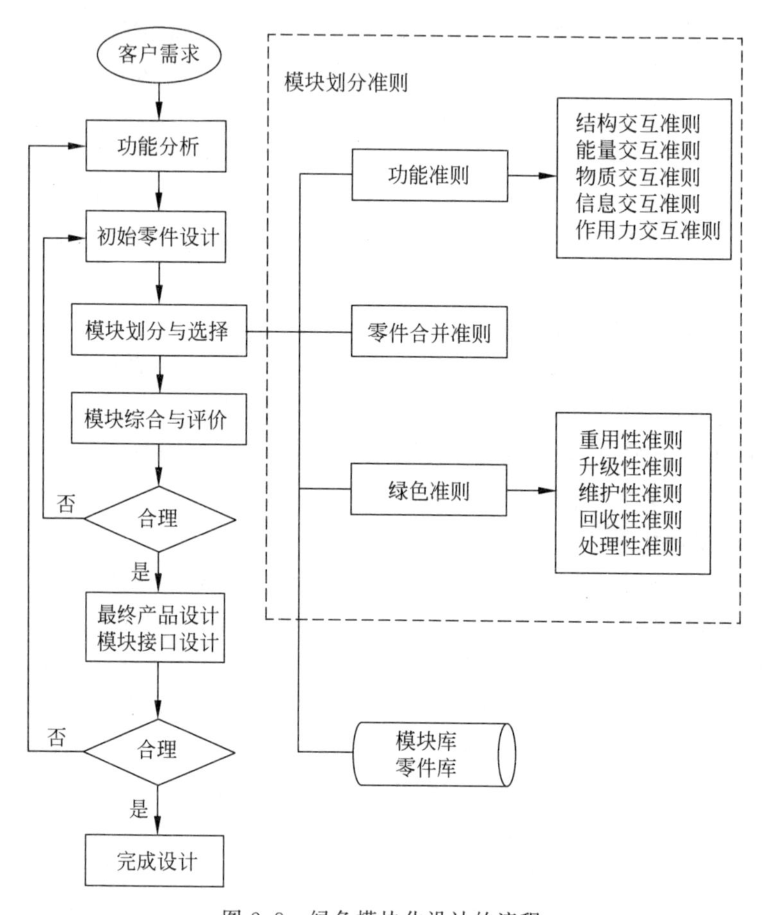

图 2.8 绿色模块化设计的流程

绿色模块化设计方法强调将绿色设计思想与模块化设计中的功能分析方法相结合，采用自顶向下的设计思想，形成闭环设计过程。首先，通过功能划分和初始设计生成与各功能单元一一对应的零件序列；然后，利用零件合并准则对若干零件进行合并，利用功能准则和绿色准则对模块进行划分，以保证产品的绿色程度和功能实现；最后，经过模块综合与评价阶段的合理性检验后，将模块划分方案进行细化，进行零件最终设计和模块接口设计，以完成整个产品设计[7]。

2. 绿色产品配置设计

产品配置设计技术是指在一个或若干个能覆盖产品类中既定型号和规格变化的动态产品族模型的支持下，根据客户定制产品的要求，通过对产品模型功能、性能、结构以及零部件进行选配，按局部零部件功能、结构和尺寸的相应变化来快速设计出满足客户需求的定制产品。利用产品配置技术可以快捷、准确地配置出符合客户需求的概念产品，完成产品的方案设计。

常规的产品配置技术已经较为成熟，但目前尚不能很好对绿色产品的配置设计进行支持。由于绿色设计的本质是将环境友好的思想融入产品的设计过程中，使产品在其全生命周期内既满足用户的使用要求又降低对环境的影响，所以绿色产品配置设计强调将绿色设计思想与产品配置技术相结合，以绿色产品族知识库中已有产品为原型，将客户需求转化为配置机制，通过对原型产品零部件的借用、修改或重新设计而得到新的产品。

产品配置是指企业进行大规模定制生产过程中所有与可配置产品相关的活动集合，包括按照客户的需求对产品进行配置、设计可配置产品及模型并得到客户满意的产品个体的过程。基于产品配置的绿色设计强调将绿色设计方法与产品配置的知识表示及其推理方法相结合，形成一种以提高产品绿色性能为目标的产品配置方法。该方法主要包括产品配置知识表示和配置求解等两部分内容。与普通产品配置方法不同的是，基于产品配置的绿色设计配置知识表示方法除了用于表示可配置产品的配置知识和客户要求之外，还应包含产品必须达到的绿色属性目标，进而建立绿色产品配置模型；与其相对应的配置知识推理方法也应依据客户对产品的常规及绿色性能需求来推理求解产品的配置模型，以得到满足客户需求的绿色产品设计方案。这里提出的基于产品配置的绿色设计是指在产品配置过程中将客户对产品的绿色性能需求与产品功能、结构及常规性能需求综合考虑，将绿色设计理念融入产品配置过程中，该配置方法的基本框架如图 2.9 所示。

1）基于实例推理的绿色产品配置方法

基于实例推理技术

基于实例推理（case-based reasoning，CBR）是将过去设计成功的案例存入实例库，在面临新的设计问题时，从实例库中找出与当前问题相似的实例，再通过类比推理，得出当前问题的相似求解结果，对该结果进行适当的修改处理，使其能够完全适用当前问题。基于实例推理的绿色产品方案设计主要分为两个阶段，首先是建立基于实例推理的绿色产品配置模型，其次是求解绿色产品配置模型。

（1）建立基于实例推理的绿色产品配置模型。产品方案设计都是由客户需求驱动的。因此，建立 CBR 的绿色产品配置模型首先需要对客户需求与产品实例进行合理的知识表达，并建立两者的对应关系。

对产品实例图纸进行数据转换与信息提取后可以得到该产品的属性特征值；经过对客户需求进行采集与转换后可以得到配置目标产品的配置单元备选集及其参数值。根据绿色设计产品信息模型可以很方便地从实例库中检索到与客户需求

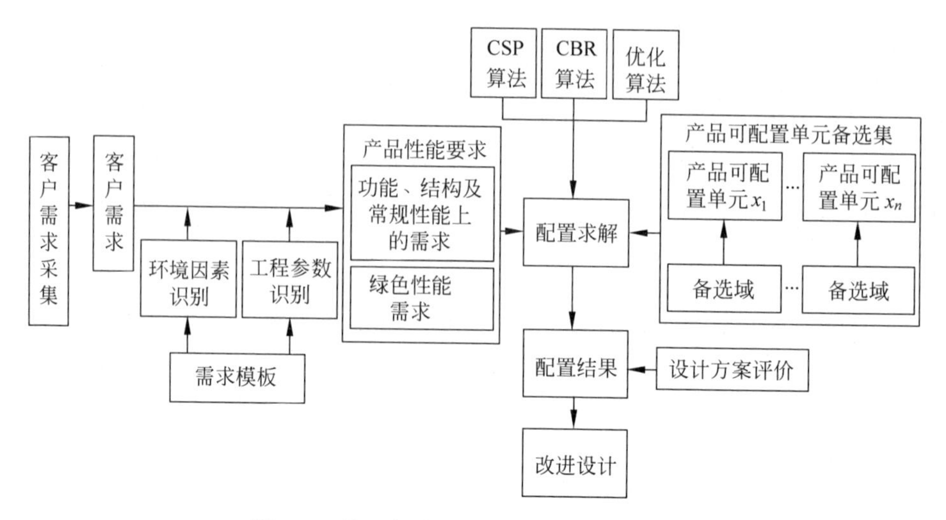

图 2.9 基于产品配置的绿色设计基本框架

最接近的实例。

(2) 求解绿色产品配置模型。上述产品配置模型是利用最近相邻策略求解而得出的,该策略是利用与实例库中的实例相匹配的特征权重之和进行检索,这一方法赋予实例的每个属性特征一个权重,在实例检索时对比输入的属性集合和实例库中所有实例的属性特征,并根据计算所得的最大加权系数值确定最佳匹配实例。

2) 绿色产品的优化配置方法

以优化可配置产品的绿色性能为目标的绿色产品优化配置过程如图 2.10 所示。

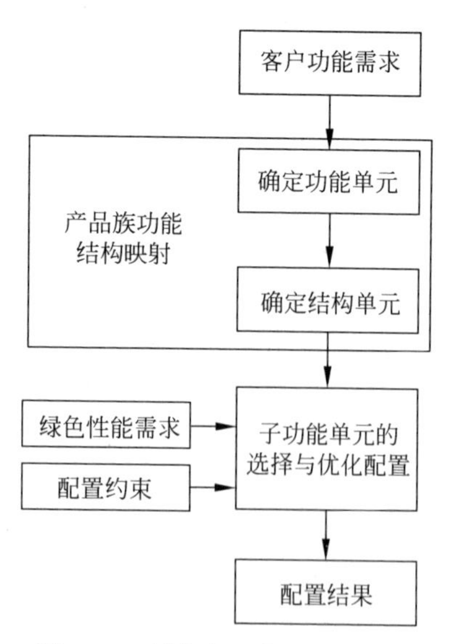

图 2.10 绿色产品优化配置过程

从图2.10中可以看出,绿色产品优化配置是综合考虑用户对产品的绿色性能需求以及其他的一些配置约束,对客户功能需求确定的结构单元进行优化组合,从而使最终所得的配置结果的综合绿色性能为所有可行配置中的最优方案。基于优化配置的绿色产品方案设计主要可被分为两个阶段[4]:第一阶段是对结构单元实例的绿色性能指标进行量化分析;第二阶段是优化建模并求解。

3. 产品绿色创新设计方法

进入21世纪,创新成为产品设计与开发的核心。随着创新设计的迅速发展,在产品设计开发过程中需要有成熟的创新理论为支持、优秀的计算机创新软件为指导、用多学科领域的广博知识做支撑。绿色设计是一个交叉学科,其涵盖了机械、材料、化工、环境和电气等众多学科领域,涉及概念、方案和技术创新等各个环节,因此提高企业绿色设计的创新能力意味着多学科知识的运用问题及系统化的创新方法指导。在本书中重点介绍了基于TRIZ方法与CBR的产品绿色创新设计模型与基于TRIZ工具的产品绿色创新设计方法。

1) 基于TRIZ方法与CBR的产品绿色创新设计模型

TRIZ方法的基本思想是对已有创新问题的解决方案进行分析和总结,提炼出其中具有规律性的核心部分,以形成创新问题的规律化或标准化解决方法。当遇到新的问题时,通过对问题的细化和分析,把该设计问题转化为TRIZ中的标准问题,然后即可利用TRIZ中的标准化解决问题的方法或工具求解该问题,TRIZ求解创新问题主要包括3个步骤,即创新问题的分析、创新问题的TRIZ标准化和创新问题的TRIZ求解,其一般过程如图2.11所示。

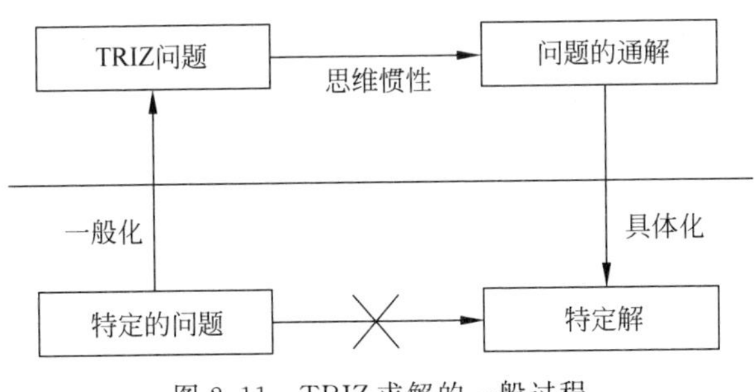

图2.11　TRIZ求解的一般过程

基于TRIZ与CBR的产品绿色创新设计是在CBR产品设计方法的基础上结合TRIZ方法,利用两者的优点弥补相互的不足,最终实现产品的绿色创新设计。该产品绿色创新设计的模型如图2.12所示,其主要包括4个部分。

(1) 相似案例的检索与借鉴。根据待改进的目标查找案例库中的相似案例,重用案例的方法或者借鉴案例的思路并对其进行修改,以形成新的产品绿色创新设计解决方案。该部分的关键技术主要包括产品绿色创新设计实例知识的建模、基于XML格式的产品绿色创新设计实例知识库的构建和产品绿色创新设计实例知识的检索。

(2) 绿色创新设计问题的 TRIZ 标准化。当案例库中没有相似案例时,需要 TRIZ 创新工具的指导来进行系统地创新设计。通过系统地设计问题分析确定待解决的设计冲突,并将其转化为 TRIZ 工程参数或构建物质-场模型,将设计问题转化为 TRIZ 的标准模式。该部分的关键技术主要包括创新设计问题分析和创新设计问题向 TRIZ 的转化。

(3) 利用 TRIZ 创新工具进行创新设计。针对上部分得到的工程参数或者物质-场模型,利用 TRIZ 冲突矩阵中相应的发明原理或者 76 个标准解进行创新设计问题求解,形成创新设计方案。

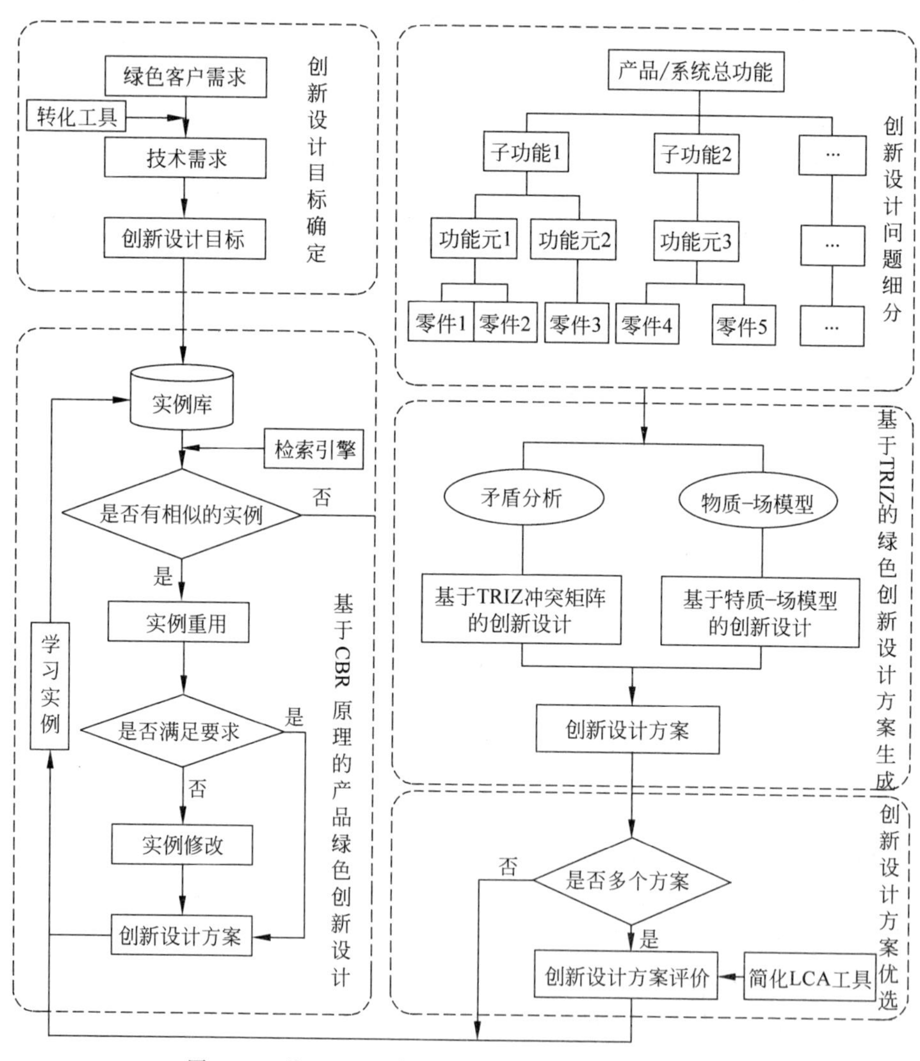

图 2.12 基于 TRIZ 与 CBR 的产品绿色创新设计模型

(4) 方案的可行性分析。当有多个创新设计方案满足设计目标时,采用简化LCA生命周期评估方法从材料、能源、固体废弃物、液体和废气排放等角度对创新设计方案生命周期的环境性进行评价,确定最优的创新设计方案[8]。

2) 基于TRIZ工具的产品绿色创新设计方法

TRIZ理论40个发明原理

如果案例库中没有找到相似案例的话,就需要利用TRIZ工具来解决产品的绿色设计问题。

(1) 基于功能分析和模糊物元的绿色创新设计。从产品设计的观点来看,功能是设计目标的意图描述,其由若干个物理结构(零/部件)的共同作用而实现。这些物理结构是功能的载体,是功能分解的最终结果。载体的存在是以实现产品功能为前提的,没有功能的存在,载体就没有存在的价值。产品是功能和物理结构组合起来的有机整体,其创新可以被分为功能创新和物理结构创新。在绿色的产品设计过程中,功能的创新将以物理结构的添加和改进来实现。例如,当添加新的功能时必然需要新的物理结构;改进功能时则需要通过对物理结构进行改进和优化来实现。因此通过绿色产品功能和物理结构的建模,可以有效地将创新设计目标映射到绿色产品的功能和物理结构中,通过功能和物理结构的创新来实现创新设计目标[9]。

(2) 基于TRIZ冲突矩阵的绿色创新设计。解决基于TRIZ的绿色创新设计问题,首先应通过分析设计问题以确定冲突,并明确要改进和恶化的设计属性,利用关联表将其转化成冲突矩阵相应的工程参数,然后根据工程参数利用TRIZ冲突矩阵表获得发明原理,最后形成创新设计方案,其具体流程如图2.13所示。

(3) 基于物质-场分析的绿色创新设计。物质-场分析(Su-Field Analysis)方法遵循以下3条基本定律:

① 所有功能由3个基本元件组成。

② 只有同时满足3个基本元件时,功能才存在。

③ 3个基本元件通过有机组合和相互作用构成一个功能。组成功能的3个基本元件为:2种物质(substances)和物质间作用的场。3个基本元件组成的模型就叫作物质-场模型,其可用图2.14来表示。其中的2种物质(S_1、S_2)可以是材料、粒子、物质、零件或过程;场(F)是用于描述物质S_1、S_2之间的相互作用(能量或作用力),如热能(F_T)、机械能(F_{ME})、电/磁能$\left(\frac{F_E}{F_M}\right)$、液/气压能$\left(\frac{F_\text{H}}{F_\text{P}}\right)$、化学作用($F_C$)等。

在进行产品绿色设计时,产品物质-场模型中3元件间相互作用的效应(表2.3)可能会与设计者所追求的效应产生冲突,这时就需要利用TRIZ物质-场分析中的一般解法和76个标准解来求解冲突。

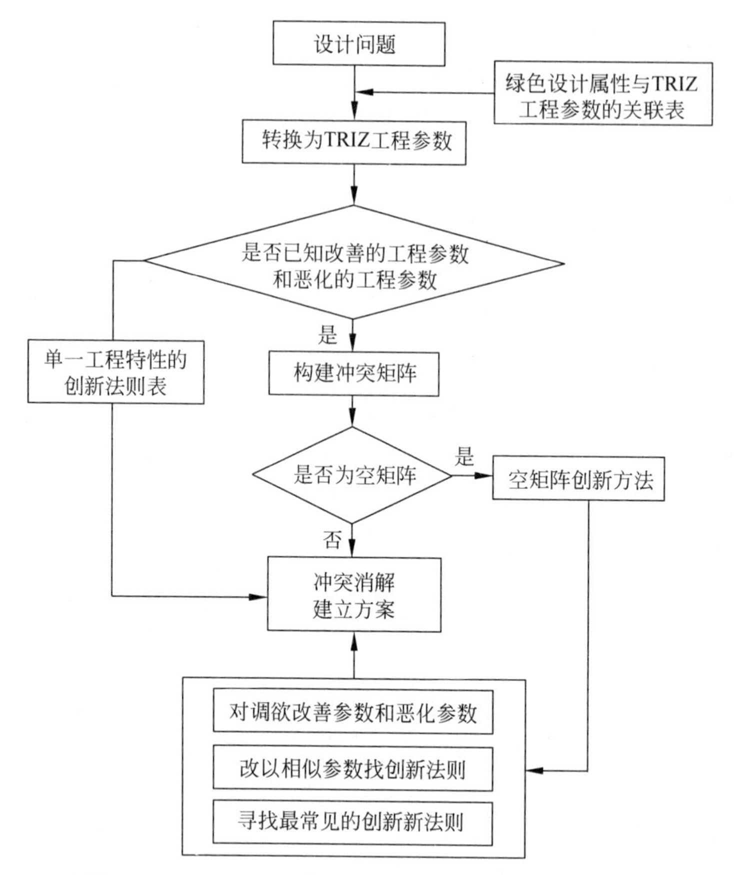

图 2.13　基于 TRIZ 冲突矩阵的产品绿色创新设计流程

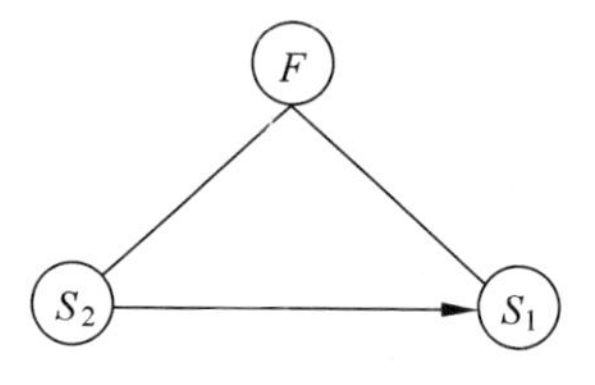

图 2.14　TRIZ 物质-场模型

表 2.3　常见效应的图形表示符号

符号	意义	符号	意义
波浪箭头	有害的作用或效应	实线箭头	期望的作用或效应
空心箭头	物质场变换	虚线箭头	不足的作用或效应

利用物质-场模型和 76 个标准解的方法进行产品绿色创新设计的主要步骤：①分析待解决的问题；②建立物质-场模型；③利用标准解处理设计问题；④特殊

情况的处理，其流程如图 2.15 所示。

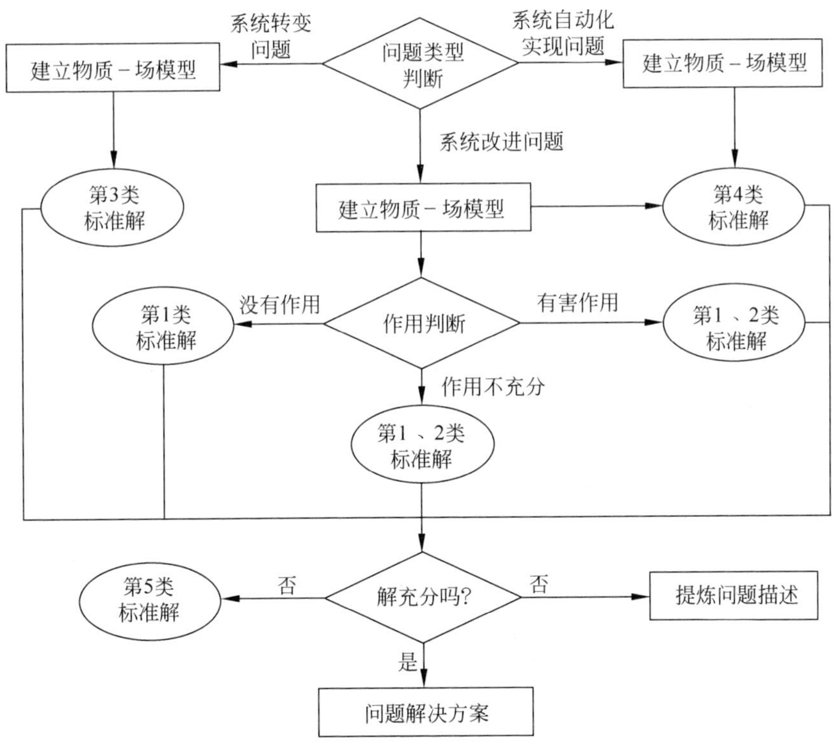

图 2.15　基于物质-场模型的产品绿色创新设计流程

（4）基于简化 LCA 的绿色创新设计。生命周期评估已成为产品环境性能评估的重要方法，虽然传统生命周期评估结果的准确性高，但是在产品绿色创新设计方案阶段，信息的不完整性将致使此方法不可行。因此，需要采用简化生命周期评估方法（simplified life cycle assessment，SLCA）对创新设计方案的生命周期环境性进行评价和优选。基于矩阵式的简化生命周期评估方法既可以体现产品生命周期各个阶段的环境性能，又可以节省时间和成本，最重要的是其采用了专家评分的方法，可以用于绿色创新设计方案阶段。本书采用 MET 矩阵方法来实现产品绿色概念设计阶断的方案评估和优选，其矩阵结构如表 2.4 所示。

MET 矩阵的第一列由产品的 5 个生命周期阶段构成，第一行由方案待评价的环境指数构成。MET 矩阵中的每个单元格由若干个评估指标组成，评估结果的范围：0～5 分。客户可以根据产品的特点对评价指标进行修改，单元格的内容为所有指标的分数和。完成所有单元格评价后，将各个单元格的分数按行、列分别进行相加即可。MET 矩阵中表达式的意义如下：

（1）矩阵中的每个单元格表示产品的环境指数在该生命周期阶段的环境性能，例如 B_4 表示产品绿色创新设计方案在制造阶段的废液排放。

表 2.4 绿色创新设计方案的生命周期 MET 评估矩阵

生命周期	环境指数					
	材料	能源	固体废弃物	废液排放	废气排放	各阶段指数和(行和)
原材料选择阶段	A_1	A_2	A_3	A_4	A_4	$\sum_{i=1}^{4} A_i$
产品制造阶段	B_1	B_2	B_3	B_4	B_4	$\sum_{i=1}^{4} B_i$
包装运输阶段	C_1	C_2	C_3	C_4	C_4	$\sum_{i=1}^{4} C_i$
产品使用阶段	D_1	D_2	D_3	D_4	D_4	$\sum_{i=1}^{4} D_i$
报废处理阶段	E_1	E_2	E_3	E_4	E_4	$\sum_{i=1}^{4} E_i$
各绿色指数和(列和)	$\sum I_1$	$\sum I_2$	$\sum I_3$	$\sum I_4$	$\sum I_4$	—

(2) 每一行分数的和表示产品生命周期各个阶段的环境影响,例如,$\sum_{i=1}^{4} A_i$ 表示产品绿色创新设计方案在原材料选择阶段的环境性。通过对 $\sum_{i=1}^{4} A_i$、$\sum_{i=1}^{4} B_i$、$\sum_{i=1}^{4} C_i$、$\sum_{i=1}^{4} D_i$ 和 $\sum_{i=1}^{4} E_i$ 的比较,可以确定具体有待改进的生命周期阶段。

(3) 每一列分数的和表示每个环境因素的生命周期环境影响,例如,$\sum I_1$ 表示产品绿色创新设计方案在全生命周期内的材料环境性。通过对 $\sum I_1$、$\sum I_2$、$\sum I_3$ 和 $\sum I_4$ 的比较,可以找出有待改进的绿色指数[8]。

习题

1. 绿色产品概念设计有哪些特点?
2. 绿色产品概念设计的主要内容有哪些?
3. 绿色模块化设计的流程是什么?
4. 绿色创新设计的模型有几个部分?
5. 为什么要采用基于简化 LCA 的绿色创新设计?

参考文献

[1] 郭伟祥. 绿色产品概念设计过程与方法研究[D]. 合肥工业大学,2005.
[2] 张伟伟. 面向客户需求的产品碳排放映射关键技术研究[D]. 合肥工业大学,2017.

[3]　鲍宏.面向绿色设计的产品需求分析与处理[D].合肥工业大学,2009.
[4]　张雷.大规模定制模式下产品绿色设计方法研究[D].合肥工业大学,2007.
[5]　袁远.基于数据挖掘的绿色设计中客户需求向工程特性转化研究[D].合肥工业大学,2018.
[6]　唐涛.绿色模块化设计若干关键技术研究[D].合肥工业大学,2004.
[7]　唐涛,刘志峰,刘光复,等.绿色模块化设计方法研究[J].机械工程学报,2003(11):149-154.
[8]　高洋.基于TRIZ的产品绿色创新设计方法研究[D].合肥工业大学,2012.
[9]　马军.环境性能驱动的产品进化设计研究[D].合肥工业大学,2015.

第3章

绿色产品详细设计

基本概念

产品碳足迹：产品在原材料获取、制造、运输、销售、使用和废弃等全部阶段即整个生命周期过程中直接或间接排放的温室气体总量。

直接碳排放：生命周期过程中直接产生的碳排放。

间接碳排放：生命周期中由于能源、物质的消耗引起的碳排放，包括物耗碳排放和能耗碳排放。

低碳化改进潜能：基于材料、制造、使用、回收这4个生命周期阶段的碳排放而构造的低碳评价指标，可为设计者进行低碳设计提供参考和依据。

碳排放因子：消耗单位物质或能源所产生的碳排放量，单位为 $kgCO_2e/kg$。

零件结构工艺性：所设计的零件在满足使用要求的前提下，达到制造的可行性和经济性。

再制造：再制造是以废旧产品（例如报废的手机、汽车、机床等复杂装配产品）为毛坯，运用高新再制造技术对其加工，使再制造产品性能恢复甚至超过新品的过程。

易拆解设计：在产品的设计阶段让产品具有良好拆解性能的设计方法。

拆卸序列：记录将产品拆卸成子装配体、零件或者记录拆卸操作的有序数列。由于产品的各个零件存在关联和一定的约束关系，在拆卸序列的过程中必定要始终满足零件之间的约束关系。

拆卸序列规划：在满足某些特定约束条件下的获得最优（或近似最优）拆卸序列的过程。

绿色设计产品标准清单

3.1 绿色产品详细设计简介

绿色产品的详细设计需要按照之前制定的产品设计策略与设计方案，完成产品的具体结构设计。详细设计阶段需要根据产品类型、市场需求和生产设备状况等因素，将抽象的设计策略转化为具体的设计方案，选择产品的材料、结构、生产工艺及确定其尺寸等。这一阶段的绿色设计主要是通过一定的方法和手段降低碳排放、提高其轻量化和可回收性、避免环境污染。具体来说，主要涉及以下4个方面：绿色产品设计的材料选择、低碳设计、易拆解设计和可回收设计。

1. 材料选择

绿色产品设计要求产品设计人员要改变传统选择材料的程序和步骤，在选择材料时不仅要考虑材料本身的环境性能，同时更为重要的是确保材料在整个产品制作的过程中能够耗费较少的能源、几乎不产生或最大限度上产生较少的有害气体或物质，还要考虑用该材料制成的产品在失去了原有的使用价值后是否便于回收处理、再次利用，或是考虑材料本身是否具有较强的可降解性能，对环境是否构成危害等。在选择的材料时，可选择易降解材料、节能型材料、可回收再生材料等，这些材料都有利于节约能源和保护环境。

2. 低碳设计

随着世界各国对低碳设计的倡导和一些关键政策的出台，低碳理念受到了全世界各个行业的高度重视，建筑行业、装备制造业、电子产品制造业、钢铁行业、汽车行业、能源行业、轻工业等领域均针对自身行业的特点提出了相应的低碳设计方案。原来只有单一行业的人员从事低碳设计，而现在各企业的设计开发部门成员均加入到低碳设计的行列中，在设计生产的各个环节改善原有的高能耗生产方式[1]。

不从设计入手，单纯地改进生产过程是无法从根本上更好地解决环境问题的。例如，空调、家用电脑、手机等电子产品在使用生命期限内会消耗大量能源，在废弃后的处置过程中，其含有的重金属和阻燃剂也会对人体和环境造成严重污染，并破坏臭氧层。这类产品在使用过程和废弃后的处置过程中产生的环境污染问题比其制造过程中引发的环境问题要大得多。

低碳设计作为面向节能的生态化设计技术之一，它被视为从源头上降低产品碳足迹的有效途径，强调轻量化、低排放，充分体现了人类的道德、社会责任、生态环境与经济效益多方协调的新型产品设计关系。

3. 易拆解设计

绿色产品不仅应具有优良的装配性能，还必须具有良好的拆卸性能，因此拆卸设计已成为目前绿色设计研究的主要热点之一。因为产品不可拆卸不仅会使大量可重复利用的零部件材料被浪费，而且废弃物不好处置，还会严重污染环境。拆卸在现代生产良性发展中起着重要的作用，其已成为机械设计的重要内容。易拆解设计要求在产品设计的初期就将可拆卸性作为结构设计的一个评价准则，使所设计的结构易于拆卸，维护方便；并在产品报废后可重复利用部分能充分有效地被回收和重用，以达到节约资源和能源、保护环境的目的。易拆解设计要求在产品结构设计时改变传统的连接方式，代之以易于拆卸的连接方式。

4. 可回收设计

可回收设计是实现广义回收所采用的手段或方法，即在进行产品设计时充分考虑产品零部件及材料被回收的可能性、被回收的价值大小、回收后处理方法、回收处理结构工艺性等与回收有关的一系列问题，以达到零部件及材料资源和能源的充分有效利用、使环境污染最小化[2]。

再制造是一种对废旧产品实施高技术修复和改造的产业，其具有极大的节能节材潜力，从产品设计阶段就开展面向再制造的设计是实现产品（零部件）级循环利用，提高产品竞争力的有效途径。

3.2 绿色产品详细设计的主要内容

3.2.1 材料选择

1. 材料选择的原则

绿色材料

绿色材料也被称为生态材料、环境友好材料或环境意识材料，是指在满足功能要求的前提下具有良好环境兼容性的材料，其在制造设备、使用以及用后处置等生命周期阶段应具有最大的资源利用率和最小的环境影响。

绿色材料的发展方向为材料的轻量化设计、材料的长寿命设计、生物降解材料等。例如，对于家用吸尘器来说，体积小、使用寿命长、重量轻、能带来便捷高效清洁体验的优质产品更受消费者欢迎。虽然目前市场中的主流吸尘器产品基本都实现了轻量化，但有些产品的轻便还只是局限在清理地板时来回移动比较方便，而将其高举用于清理家居顶部灰尘时还是难言轻便趁手，顺造轻量手持吸尘器 L1 则解决了这个痛点，图 3.1 即为顺造轻量手持吸尘器 L1。

顺造轻量手持吸尘器 L1 主机仅 1.15 kg，只相当于 4 部手机的重量，在现有技术水平下几乎把轻量化体验做到了极致，女性用户使用没有任何压力。为了实现轻量化，它采用 Ultra Light 3.0 轻量化马达，降低重量的同时还保持了吸力要求。值得一提的是，顺造轻量手持吸尘器 L1 并非以降低配置的方式换来轻量化，而是通过整机设计和对构造结构的优化来实现这一需求的。例如，在机身连接杆长度和电池配置没有减配的情况下，顺造的设计师通过更科学的设计方式降低了产品重量，为用户带来超轻体验。在高效无刷电机的基础上，顺造轻量手持吸尘器 L1 优化了风道设计方案，降低了工作时的热量，减少了能量损耗，其整机效率高达 40%，远超行业 30%～35%的普遍效率值水平。这意味着在同样的功率下，它可以带来更大的吸力；在同样吸力情况下，它消耗的电量更少。吸力性能和功耗之间的平衡不仅保证了大吸力需求，也使产品更加节能环保[3]。

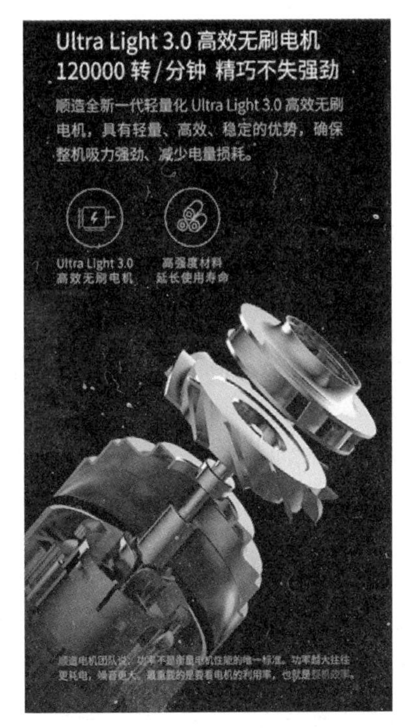

图 3.1　顺造轻量手持吸尘器 L1

电机离不开电磁材料，液晶显示器离不开发光材料，不同的产品和应用需要各种材料，同种材料也可以有不同用途。随着技术的进步和发展，同一种产品的材料也在变化，相机的外壳材料有金属、塑料、纸壳、金属镀膜；电吹风的外壳从铸铁、薄钢板演变到注塑成型高分子材料。材料选用是绿色产品设计中的重要内容，选材在很大程度上影响着产品的整个设计过程以及产品的功能和性能，决定了其在市场上能否获得成功。

在传统产品设计时，影响材料选择的主要因素有以下几方面：

（1）材料的力学-物理性能。力学-物理性能是材料选择的出发点，其主要包括材料的强度（弹性模量、拉压强度、弯扭剪强度等）、材料的疲劳特性、设计刚度、稳定性、平衡性、抗冲击性等。

（2）材料的热学特性和电气特性。主要包括材料的热传导性、热膨胀系数、工作温度、电阻率等。

（3）产品所要求满足的基本性能，即产品的功能、结构要求，以及安全性、抗腐蚀性等性能需求。

（4）产品使用的环境因素。产品总是在特定的环境中运行和使用，所以材料选择必然受到环境状况的影响，其主要包括产品受到的环境温度、湿度的影响以及在运输使用过程中可能会受到的冲击与振动风险。

此外，影响材料选择的环境因素还有气候、人为破坏、噪声、噪光等。

但是，随着对产品环境友好性要求的不断提高，以及一些经济性因素的限制，传统产品设计选材的不足之处也日益凸显。例如，材料报废后的回收处理问题、材料的加工生产过程对环境的影响问题以及材料的生产成本、回收处理成本问题等，而这些问题已经成为目前产品设计必须考虑的重要因素，对产品的绿色性能会有重要影响[4]。

随着环境状况的恶化，相关环保法律和法规会更加严格，在国际贸易方面甚至出现了绿色贸易壁垒，与此同时人们的绿色意识不断增强，对产品也提出了更高的要求：产品不仅应满足设计功能、使用性能和经济性等要求，还应能有效地保护环境，具有绿色材料的特性。绿色材料首先是一种材料，它应该满足产品对材料的要求。在产品研发过程中设计人员选材时要考虑的原则如下：

(1) 市场性。经济的增长和自由化的市场是产品设计的主要驱动力之一，随着技术的发展和成熟，技术的同质化越来越严重，市场已接近饱和，基本上达到了所有需要产品功能的人就都能拥有该产品的程度。因此，产品创新的驱动力常常是顾客或用户的"希望"，表现为一种价值的需求，特别是产品之外附加值的实现，已不再是传统的"需要"产生设计和市场驱动力。

(2) 技术性。产品、工程结构和零件的各种功能是通过材料的技术性能来实现的。材料的技术性主要包括材料的物理性能（密度、导热性、导电性、磁性强度、延展性、硬度、耐磨性以及抗疲劳性能等）、化学性能（抗氧化性、抗腐蚀性等）、冷加工和热加工性能（可切削加工性、铸造性、压力加工性、焊接性、热处理工艺性），除了这些技术性能以外，还要考虑安全性和可靠性要求、特殊使用条件下的特定要求、产品的功能性能以及工作环境等其他方面的要求。此外，材料的表面处理或精饰对产品和市场也有非常重要的意义和影响，因为用户购买产品，特别是高技术产品时，常常首先看到的是产品的外部形态，如外观造型、质感和肌理，而只有一些特殊的人，如专业维护人员才关心产品内部的情况，表面处理无论从美学角度还是从功能保护的角度来说，设计者都应予以重视。设计人员还要时刻注意材料科学的新发展，积极采用新材料和新的加工技术，特别是新的绿色材料。

(3) 经济性。很多产品设计并没有进入市场，有研究表明，从产品概念到能够成为产品进入市场的设计仅仅占 20%，企业和投资商要关心成本和效益，所以材料的经济性不仅指优先考虑选用价格低的材料，而且还要综合考虑材料对整个制造、使用、产品维修乃至报废后的回收处理成本等的影响，即全生命周期的成本。

(4) 环保性。选用能量强度低、易于回收和再循环的材料，在材料生命周期中应尽可能采用清洁型的再生能源，提高材料的利用率。材料利用率的提高不仅可以减少材料浪费，解决资源枯竭问题，而且还可以减少排放，减少其对环境的污染。

(5) 美学性。产品和材料具有一定符号含义或装饰意义，使人产生感觉、联想和推理。特别是产品表面的肌理和质感，会使人产生这样一些感觉和情感：高科技的或过时的、冰冷的或温暖的、高贵的或低廉的、普通的或独特的、柔弱的或强壮的、怀旧的或现代的，等等。设计者要根据设计定位和目标市场把材料有机地融入设计中。常常被设计者利用产品的外部特征有很多，例如，手机外壳的材料特性(如形态或造型、色彩)、表面处理所产生的肌理和质感能显示产品内部品质和高科技含量、功能和技术的先进性以及时代感和流行趋势；用再生纸张制作贺卡时，再生纸特有的肌理和质感会给人以清新和别具一格的感觉[5]。

材料选择中的各种因素应根据产品的类别和具体的应用进行综合分析、评定。例如，对于航空工业而言，除了传统的一般技术要求之外，其零部件的特殊性能要求也很高，如耐高温性能等，而且其可靠性要求也非常之高，同时要求质量要轻。对于家用电器而言，如吸尘器的塑料外壳要同时满足的要求有：强度和刚度、抗溶剂性、耐热性、电绝缘性、装饰性的外观形态、色彩和表面处理以及该塑料的环境影响、成本效益等等。没有任何一种材料能同时满足以上这些要求，也就是说，最优的材料只是一种口号和理想，在实际的设计选材中，要对各种要求做出平衡和综合分析，选择成本和性能均符合要求的材料即可。这和设计有相似之处，对一个问题的设计会有很多解，虽然有的解明显好于其他的解，但是通常没有一个唯一的、正确的解或方案，设计的结果是开放性的，设计者应该考虑所有的方案并从中做出取舍。

在材料选择的原则当中，环保性显得尤为重要，而环境材料选择是实施绿色产品设计的关键和前提，因此实际上又可以将材料选择的环保性原则概括为四个最小化原则。

(1) 资源消耗最小化原则。提高材料的利用率，尽量选择回收材料和可再生材料，减少和避免使用稀有材料。例如，供应商提供给摩托罗拉公司的配件都是带着包装进来的，这些包装品大多是纸盒、纸箱。一开始，企业用过之后就把这些纸箱作为废物扔掉了。后来觉得这是很大的浪费，于是便利用一种机器把这些纸制品搅碎，重新制作成包装填充材料。它的好处是一方面消耗了原来的废纸箱，一方面又代替了从前的泡沫塑料填充物，大幅度降低了成本。同时，用纸箱生产的填充物还有一个好处，那就是比塑料填充物易降解，对环境的影响程度大大降低。

供应商供应的原材料中，有一些是需要用防静电的包装袋包装的，包装价格昂贵。以前企业用过便将其作为废弃物扔掉了。后来摩托罗拉的研究人员发现，经过清洗、消毒和检验后这种包装完全符合要求，还能继续利用。于是他们把这种经过处理的包装袋返回给供应商，让他们继续循环使用，双方均因此节省了大量费用。

(2) 能耗最小化原则。不同的材料在提炼和加工过程中所需的能量相差很大，故在设计时应认真考虑各种材料在加工过程中的能量消耗，这一点对于规模生产而言尤为重要。所以在绿色设计中应该优先选择制造加工过程中能量消耗少的材料，例如，切削 45 钢的能耗就明显小于切削不锈钢。表 3.1～表 3.3 为金属、塑胶等材料的制造能耗。

表 3.1 金属类制造过程所消耗的能量

金属材料	损耗能源/(MJ/kg)	金属材料	损耗能源/(MJ/kg)	金属材料	损耗能源/(MJ/kg)
Fe	23.4	Cr	71.0	Co	1600.0
Cu	90.1	钢	30.0	V	700.0
Zn	61.0	Ni	167.0	Ca	170.0
Pb	51.0	Al	198.2		
Sn	220.0	Cd	170.0		

表 3.2 常用塑胶材料的提炼能耗

塑胶材料	损耗能源/(MJ/kg)	塑胶材料	损耗能源/(MJ/kg)	塑胶材料	损耗能源/(MJ/kg)
PC	118.7	HDPE	79.9	LDPE	66.2
PS	105.3	PP	77.2	漆 acryl	86.0
ABS	90.3	PET	76.2	天然橡胶	60.0
EPS	82.1	PVC	70.5	合成橡胶	70.0

表 3.3 其他种类材料制作过程所消耗的能源

其他材料	损耗能源/(MJ/kg)	其他材料	损耗能源/(MJ/kg)	其他材料	损耗能源/(MJ/kg)
硬纸板	12.5	报纸	29.2	玻璃	9.9
卫生纸	19.7	图书用纸	40.2	平板玻璃	22.0
瓦楞纸	24.7	特殊纸	50.0	木材	35.0

(3) 污染最小化原则。污染最小化原则指选择全生命周期过程中产生的各种环境排放最小的材料,包括选用能自然降解的材料等。之所以选择可降解材料,是因为对最后的填埋和焚烧所产生的排放要特别予以重视。HIDO 是荷兰一家设计、制造和销售各种工业产品的集团公司,其绝大多数产品是由玻璃纤维强化聚酯制成的。然而在处理聚酯,特别是排放苯乙烯时,其产生的大量能耗和废物给环境带来了严重的问题。于是该公司通过绿色设计开发了两种聚酯产品,极大地减少了环境负担,成果如下:

① 每单位产品所需的原材料体积减小 55%;

② 每个产品的生产周期从 30 分钟减至 6 分钟;

③ 制造单位产品所需的能量减少 90%以上。

以上这些措施使单位产品的成本降低 70%。

(4) 潜在健康危险最小化原则。潜在健康危险最小化原则是指材料全生命周期过程中对人体健康的损害最小或对健康的潜在危险最小。在选材时应尽量选用无毒的材料,当无法避免使用有毒材料时,必须遵守相应的法律和法规,同时进行说明和标注,特别是在回收和处置方法中要明确说明。在很多情况下,明显的环境友好材料是很难找到的，或是根本不存在的。也就是说，不存在对环境没有影响的材料，只是影响和危害的大小及范围不同而已。

2. 材料选择的步骤

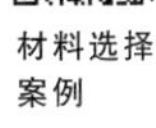

绿色设计的材料选择必须以材料的力学性能、工艺性能、经济属性以及生命周期的环境属性等作为优化目标，进行多方面的权衡和量化评估。目前，材料选择的方法主要分为两大类，一类是多目标决策方法，另一类则是多属性决策方法。对于备选材料种类多、零件材料性能要求多的材料而言，也可采用人工神经网络、遗传算法等以提高材料选择的效率，绿色设计中的材料选择流程如图3.2所示。

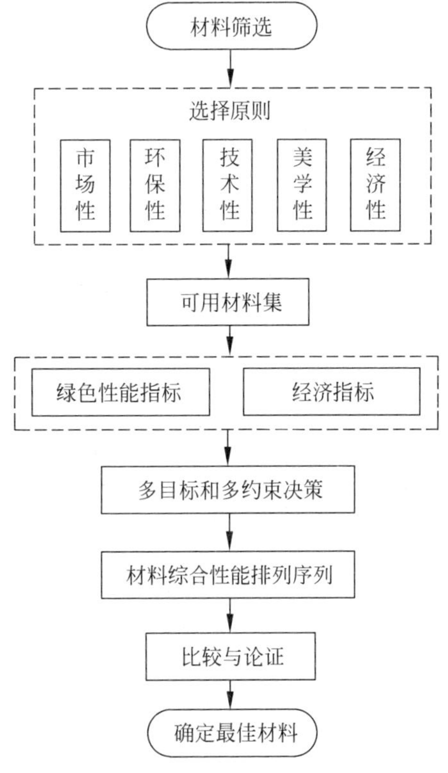

图3.2　绿色设计中的材料选择流程

绿色设计的材料选择主要有以下几个步骤：

(1) 分析零件对所选材料的性能要求及失效抗力。在分析零件的工作条件、形状尺寸与应力状态后，确定零件的技术条件。然后通过分析或实验，结合同类零件失效抗力分析结果，找出零件在实际使用中的主要和次要失效抗力指标，以此作为选材的依据。最后根据力学计算，确定零件应具有的主要力学性能指标、物理化学性能指标等。

(2) 对可供选择的材料进行筛选。当确定了零件对材料性能的具体要求后，根据产品的市场需求和企业现状，以材料的各项经济指标和环境指标作为材料选择的必要条件，在可获得的工程材料中进行筛选，选择出零部件的可用材料，建立可用材料集。

(3) 对可用材料进行评价选择。经过上一阶段的筛选后，再引入具体的量化指标进一步筛选。其中绿色性能指标包括：回收/再利用性能、材料的相容性等；经济指标包括：原材料成本、材料的加工费用和材料的回收处理成本等。然后，进行多目标和多约束决策，确定材料综合性能排列序列。

(4) 最佳材料的确定。对位于材料综合性能排序前列的数种材料进行多方比较和论证，确定零件最终使用的材料。

3.2.2 面向节能的设计

1. 面向节能设计的概念

随着全球经济的飞速发展，人口数量的急剧增多，人类活动对各种能源的需求正在逐年增加。大量的能源消耗导致占能源组成大部分的非再生能源逐渐枯竭，引发能源危机，并且带来温室效应、大气污染等环境问题。通过近二十年各国的共同努力，采用各种节能减排的手段虽然使能量消耗的增长速度放缓，但是其总量依然可观，并于 2016 年达到 420EJ。为了应对能源危机问题及其诱发的环境问题，节能减排已成为新时代下伴随各国经济和社会发展的重要议题[6,7]。通过对装备及产品的节能设计，提升其生命周期的运行能效、降低能量消耗，成为应对能源危机的重要手段。

传统设计仅涉及产品寿命周期的市场分析、产品设计、工艺设计、制造销售以及售后服务等几个阶段，而且设计也多是从企业的发展战略和经济利益角度仅仅考虑所设计产品的功能、质量、成本等基本属性。而节能设计则不同，它用系统的观点将产品生命周期中的各个阶段(包括设计制造、使用、回收处理及再生等)看成一个有机的整体，并从产品的生命周期的整体角度出发，在产品概念设计和详细设计的过程中运用并行工程的原理在保证产品的功能、质量和成本等基本性能情况下，将产品的能量属性(材料消耗，电力等能量消耗)作为设计目标，使其全生命周期能耗最小化。

各国学者对节能设计的研究主要涉及轻量化设计技术、动力匹配技术、高效能控制技术等方面。目前，轻量化设计方法主要是对产品进行结构优化，如在结构上采用拓扑优化等手段；或者从材料选择的角度使用一些新型轻量化材料，如高强度钢、镁铝合金及碳纤维材料等[8,9]。通过动力匹配的方法可提高液压系统的能量效率，目前主要是调整输出功率与需求功率相匹配(如能量回收设计、数字共享设计)[10,11]，以减少能量损耗。在高效能控制技术方面，通过系统的控制方式以及采用最小能量控制装备的驱动冗余方式[12,13]，减少装备运行过程能耗。

2. 面向节能设计原则

节能设计要在分析产品全生命周期电能消耗和材料消耗的基础上，针对各个环节进行材料、能耗最小化设计。与传统设计不同，节能设计中不仅要考虑企业自身的经济效益，而且还要从可持续发展观点出发考虑产品全生命周期的能耗行为对生态环境和社会所造成的影响，节能设计不应只片面地追求某一项效益而忽略其他，应该追求整体效益最佳化。

在充分保证产品性能、质量的前提下，应尽可能地保证被选用的材料资源在产品全生命周期中得以最大限度的利用，力求使产品生命周期中材料冗余最小。节能设计应贯穿产品全生命周期，不仅考虑产品结构设计，还应考虑控制系统、使用过程等，力求产品全生命周期中的电能消耗最少，并减少能量的浪费、提高能量效率，以免这些浪费的能量可能转化为振动、噪声、热辐射以及电磁波等，对环境造成污染，给人们的健康造成伤害[14]，如图 3.3 所示。

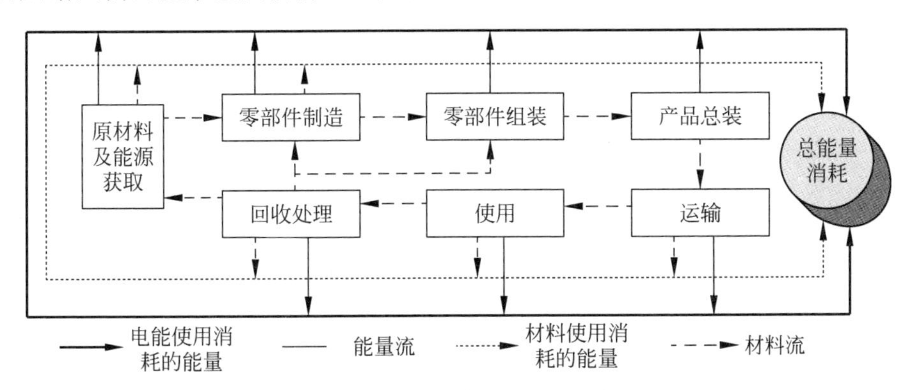

图 3.3　装备全生命周期能量消耗图

3. 面向节能设计的流程

面向节能设计的流程是一个动态循环的过程，如图 3.4 所示。产品的节能设计中，首先要通过对产品生命周期能量流分析，识别出关键零部件。其次，在产品制造过程中进行轻量化设计与驱动系统的高能效设计；在使用过程中，进行运行过程节能优化设计，同时依据使用过程中存在的问题，对关键部件以及驱动系统进行进一步改进设计。当产品的审核不通过时重新分析此时产品的能量流，再按照上述步骤对新的产品进行节能设计，直至审核通过。

1）能量流分析方法

首先，根据产品的物理结构组成和功能设计目标，建立产品需求-功能-结构的映射关系模型，然后以此为基础进行能量要素提取与分析。其次，在已知的信息和数据基础上，从能量转化、传递、存储 3 个方面分析各单元的能量特性，获得能量要素判断矩阵。最后，将产品能量元素划分为结构元件、动力元件、执行元件、控制元件、辅助元件、工作介质等组成部分，并结合键合图、桑基图等，建立产品生命周期的能量损耗特性量化表征模型，识别产品生命中能量消耗较大的关键零部件，可为产品节能设计工作指明方向。

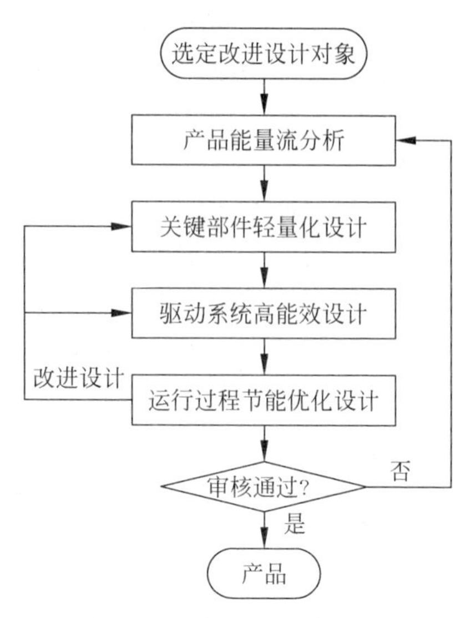

图 3.4　面向节能设计的流程

2）部件轻量化设计

首先，利用有限元法对关键部件的应力与位移情况进行综合分析，为关键部件的轻量化设计提供依据。其次，在证实原结构安全可靠的基础上，映射出存在大量材料冗余的结构区域，在不同优化空间下对关键部件进行拓扑优化。再者，基于拓扑优化方法对关键部件进行结构优化，并以此基础对该部件展开再设计。最后，利用载荷流的几何形态来定量表征支承件结构效能，建立承载结构中骨架构型的通用力学模型，合理优化承载结构布局。

3）驱动系统高能效设计

驱动系统是装备产品核心部件，为装备运行提供能量，同时也消耗了大量的能量。为了保证装备的正常进行，驱动系统的设计须满足最大功率需求，以适应所有阶段的功率需求。但是传统的驱动系统设计无法匹配复杂多变的负载需求，并且传动链过长，导致大量能量损失。驱动系统的高能效设计，应根据负载需求，通过动力匹配设计技术、传动链缩短技术等，重新配置驱动系统的组成、结构和功率等，实现在装备运行过程中匹配所有负载需求功率，减少动力单元空载损失、确保动力单元全运行过程以高能量效率工作。

4）运行过程节能优化方法

运行过程节能优化主要集中在装备和工艺两个层面。在装备层面，调整驱动系统的势与流输出达到与负载需求匹配，实现驱动系统的高能效输出，降低装备能量损耗；并通过任务调度，合适配置驱动单元工作过程，保证驱动系统提供能量服务过程中不存在冲突的前提下，实现系统能效的最优。在工艺层面，通过分析加工过程工件各变形特征应力应变演化规律，并考虑到成形材料的应力应变属性的影响，建立运行过程工艺能耗表征模型，通过不同变形特征的组合实现对复杂工艺的能量预测。通过工艺的能耗预测模型，识别不同材料工艺能耗对结构参数和控制参数的敏感性，并将数值模拟和实验方法与正交实验、遗传算法、响应曲面法等相结合，并结合多目标优化方法，对工艺参数进行优化，在不影响产品质量的前提下，减少运行过程能耗。

4. 液压成形装备的节能设计案例

为了更清楚地解释面向节能设计的流程，这里以液压成形装备的节能设计与高效运行方法进行说明。

1）能量流分析

冲压成形过程中的能量消耗主要是为了提供板料冲压成形过程中的塑性变形能耗，如图3.5所示。这部分能耗是由于液压机执行部件滑块带动模具对板料施加成形力，随着滑块位移的变化，将机械能转化为工件的塑性变形能；而滑块的机械能来源于液压缸将一部分液压能输入转化，而输入液压缸的另一部分液压能转变为平衡回路中的液压能；驱动液压缸的液压能则是通过液压系统的能量传递环节控制阀组（流量控制阀、压力控制阀和方向控制阀）将上一环节的液压能转化为主油缸所需的液压能，并将回程腔内高压油安全送回油箱，从而使各子系统按规定的要求进行平稳而协调的配合；而经管路和阀组所传递的液压能则是通过液压泵将电机输入的机械能转化为介质的液压能；电机是整个冲压加工过程的直接耗能单元，它将电能转化为油泵转动及冷却器工作所需的机械能，电机和泵直接相连组成电机泵组，作为整个液压系统的动力元件。根据此能量传递及转化过程，可将整个冲压成形过程的能量流通过最初的电能转化为机械能，机械能转化为液压能，液压能经传递后转化为机械能，最后机械能转化为工件的变形能。

2）移动部件轻量化设计

移动部件连接着装备制造过程与使用过程，参与装备的全使用过程，是装备的关键零部件。其结构、重量大小影响着制造过程的耗材，同时影响着使用过程装备对其做功多少，进而影响使用过程的能耗，因此，对其轻量化设计势在必行。

利用有限元法分析最大受拉工况下与极端受压工况下活动横梁的应力与位移情况，并在证实原结构安全可靠的基础上，映射出存在大量材料冗余的结构区域，在不同优化空间下对移动部件进行拓扑优化。接着，基于拓扑优化方法对移动部件进行结构优化，并利用疏密程度与弯曲程度来定量表征支承件的结构效能，建立了承载结构中骨架构型的通用力学模型，合理优化承载结构布局，完成移动部件轻量化设计过程，如图3.6所示。

3）动力匹配与高效运行技术

液压机使用过程中具有装机功率大，周期内瞬间高载荷且工作周期内负载差异大的特点。而由于工作过程中驱动单元的输出功率与冲压加工过程中各动作需求功率的不匹配，以及长时间的等待卸荷造成了液压机工作过程的高能耗和低效率

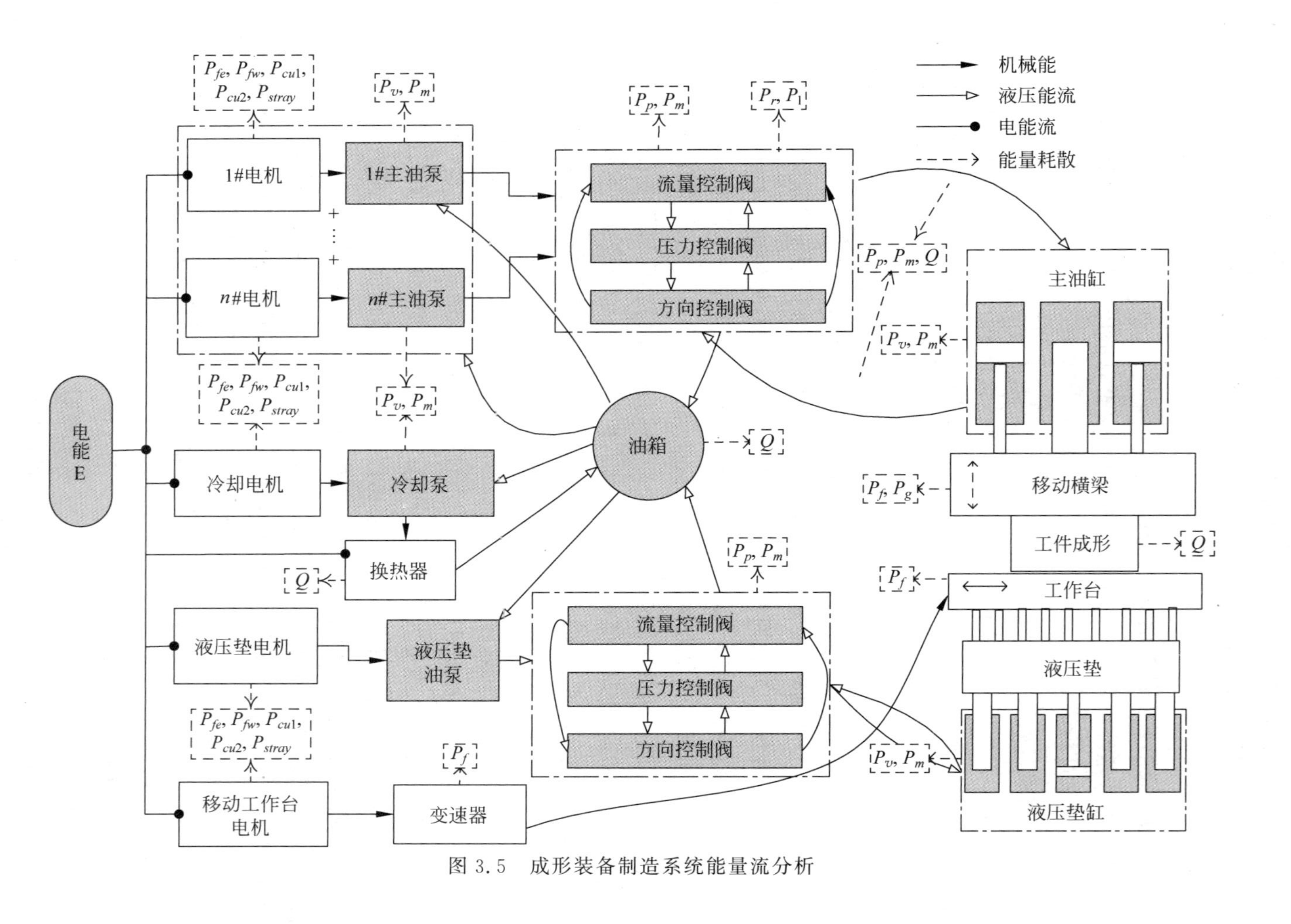

图 3.5 成形装备制造系统能量流分析

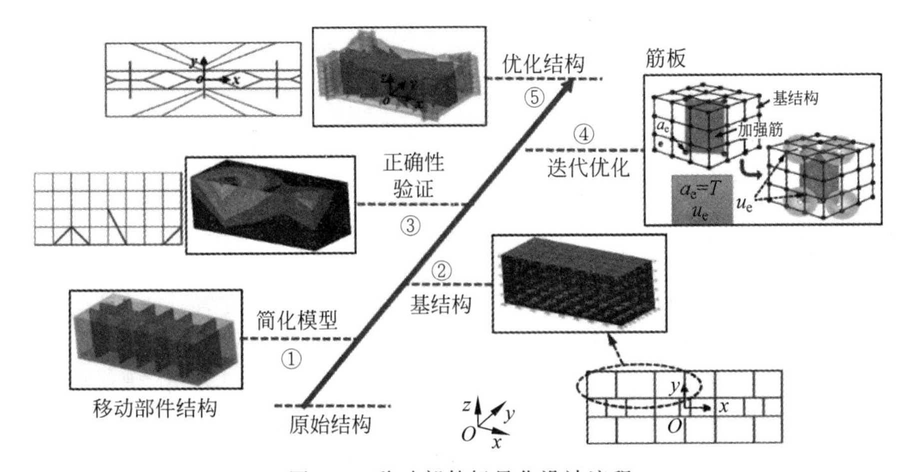

图 3.6 移动部件轻量化设计流程

问题。针对此问题,提出了面向液压机组的驱动系统的分区匹配方法。在该方法中将冲压生产线中所有液压机的原驱动单元部分(一般是由多个电机和泵组成的电机泵组)从各个液压机系统中分离,将一个泵站作为生产线中多台液压机组成的液压机组的驱动系统,为该生产线所有液压机提供能量。根据各液压机的工作动作节拍,将泵站驱动系统划分为多个驱动区:快降区(FF 区)、压制区(P 区)、保压区(M 区)和回程区(FR 区)。FF 区、P 区、M 区和 FR 区分别用于为整个液压机组中所有液压机提供下行、压制、保压和回程动作所需的流量与压力,即各驱动区分别为液压机组中不同液压机的同一动作供能。而驱动区的结构和功率根据液压机具体工作节拍,重新设计。各动作驱动区由若干个驱动单元组成,每个驱动单元由多个电机泵组组成,为实现各驱动区的输出功率与液压机各动作所需功率的匹配,每个驱动单元可独立或联合驱动液压机,进而高效完成该区所对应的动作。假设设置上述 4 个驱动区,驱动系统的组成如图 3.7 所示。

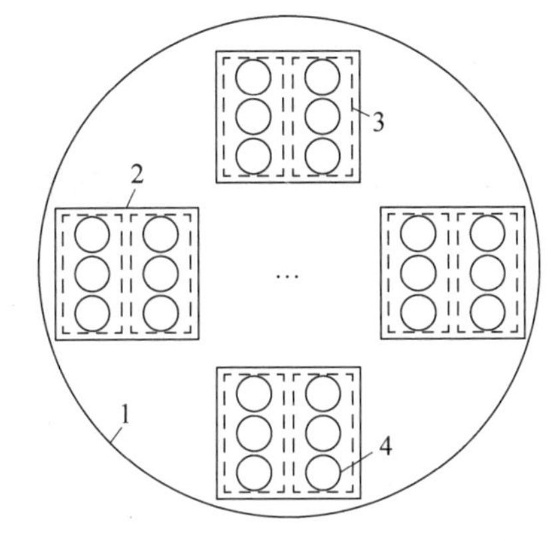

1—驱动系统;2—驱动区;3—驱动单元;4—电机泵组

图 3.7 液压驱动系统的组成

各驱动区分别为整个液压机组中所有液压机的同一动作提供能量，同一个液压机的不同动作需要在与之对应的驱动区的驱动单元的驱动下完成。驱动系统的每个驱动区只为液压机组中各液压机的某个动作提供能量，工作在允许的功率范围内。通过协调液压机组的动作节拍，使液压机组实现分时共享同一驱动系统，各个驱动单元协同工作，完成整个冲压加工过程。通过不同液压机功率接近的动作使用相同的驱动区实现功率匹配，缩短驱动系统中各驱动区的等待时间，减少由于卸荷等待造成的能量消耗。

为了达到功率匹配的节能控制效果，需要根据液压机组中各液压机的每个动作的功率需求，对每个驱动区中驱动单元的组成进行匹配设计。传统液压机的驱动部分的设计，驱动单元的功率以及泵和电机个数的选择，考虑到运行周期的各个阶段的能量变化，会牺牲部分动作阶段的效率，以满足最大成形功率的需求。液压系统的功率匹配是通过调整泵的输出压力和流量，使其达到与负载所需的压力和流量一致的控制方法，一般通过实时监测负载的变化，根据负载对泵的输出压力和流量进行调节实现，使泵的输出压力和流量与负载的消耗一致。而采用面前液压机组的分区控制方法，使每个驱动单元仅驱动各液压机的某个的动作实现，液压机组中各液压机的同一动作的功率需求差别较小，可实现单台液压机在不同工作阶段的功率匹配问题。

为了缩短液压机组驱动系统中各驱动单元的等待时间，需要对驱动单元进行合理的分配和调度。为降低整个工作周期能耗，液压机各驱动区调度过程中，应尽量缩短大功率驱动区的等待时间，以压制区连续不间断地为不同液压机提供压制阶段能量为例，协调液压机组中液压机不同阶段各动作间的关系如图 3.8 所示。

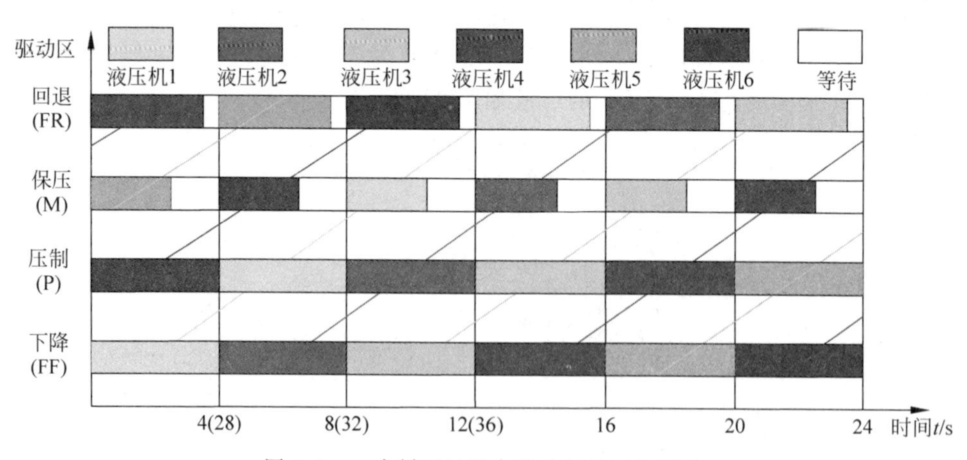

图 3.8 一个循环过程中驱动区的工作情况

图 3.8 中每一个颜色块代表着液压机在对应驱动单元的驱动下完成一个对应的动作，同一种颜色为同一液压机的不同动作，每一条完整跨越四个驱动区的斜线代表每台液压机的一个完整的动作（下降、压制、保压、回退）过程，其他时间为该液

压机处在待机的状态，此时液压机滑块处在上限位初始位置。FF 驱动区在初始时刻驱动液压机 1 下降，4s 后液压机 1 的下降动作完成，此时压制区切换至驱动液压机 1 开始压制动作，而此时下降区切换至驱动液压机 2 完成下降动作，同理各驱动单元根据各时间节点调度完成各液压机切换和驱动动作。等待阶段表示该驱动区的驱动单元处于卸荷的状态，不为任何液压机供能。

液压机组分区控制节能方法，不改变原液压机的工作节拍，不同液压机在特定的阶段使用特定的驱动单元提供的能量完成冲压加工各动作过程。液压机处于等待状态时，根据调度方法将不同液压机的等待时间分散于不同的时间区间，所有驱动区不冲突的为液压机组提供能量，可减少各驱动区的等待时间，提高了整个液压系统的能量利用率。

3.2.3 低碳设计

碳排放、碳达峰、碳中和科普短片

1. 低碳设计的概念

低碳一词首先兴起于英国。英国将其作为能源战略的首要目标并发起了低碳运动[6]，随后各国争相颁布相关的政策和规定，我国也在随即提出可持续发展战略，在 2021 年更是首次把碳达峰和碳中和写入政府工作报告，将之作为“十四五”规划的重要内容[7]。随后全国各地也掀起“低碳”热潮，低碳指较低或较少的温室气体(以 CO_2 为主)排放。低碳设计就是以设计为起点，推广低碳的设计原理、理念、方法、手段，在产品生命周期的各个环节做到低能耗、低污染、低排放，并在保证产品应有的功能、质量和寿命等前提下综合考虑碳排放和高效节能的现代设计方法。

产品低碳设计是一种典型的设计→评价→再设计过程[8]，需要在产品开发后期对产品进行碳足迹评价，识别其主要影响因素，再根据评价结果进行改进设计。随着 CAD 技术的不断发展，现代的 CAD 软件已日趋完善，绝大多数产品在开发的过程中都使用 CAD 软件三维进行辅助设计。各 CAD 软件供应商为应对需求的差异化而向广大用户提供了软件的二次开发功能，使用户可根据各自的差异化功能需求利用二次开发技术来个性定制功能模块。开发低碳设计模块也因此而借由计算机辅助的低碳设计开始流行，合肥工业大学的张雷等将低碳设计的理论及关键技术与 Creo 二次开发技术相结合，开发出基于 Creo 平台的汽车典型零部件低碳设计平台[9]，支持用户对产品零部件的碳排放做出量化评估，协助设计人员进行低碳设计，该模块的设计流程见图 3.9 所示。

低碳设计作为面向节能的生态化设计技术之一，如今已被视为从源头上降低产品碳足迹的有效途径，强调产品的轻量化、可回收、低排放，充分体现了人类道德、社会责任、生态环境与经济效益多方协调的新型产品设计关系。

2. 低碳设计的原则

在详细设计阶段，产品低碳设计的主要目的是为了减少产品制造与使用过程中的能源消耗和废物排放，从而达到合理利用资源和保护环境的效果。而为了实

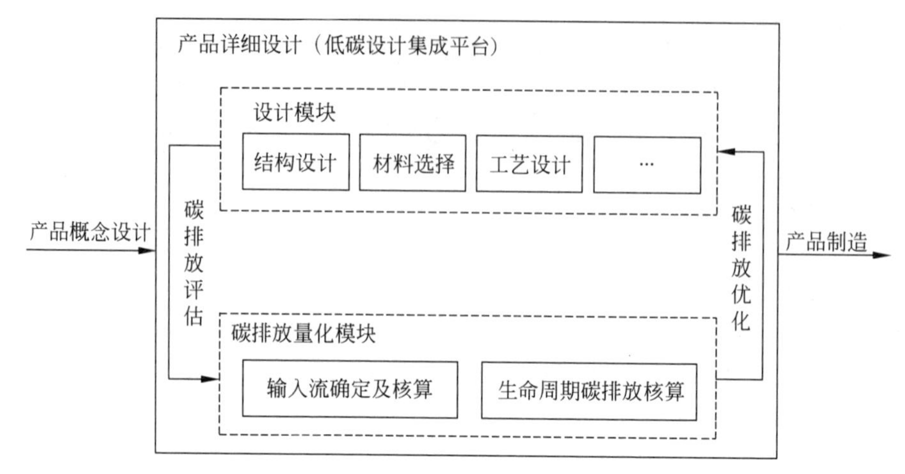

图 3.9 低碳设计模块的设计流程

现这些目标，就要做到：提高能源及原材料的利用率，降低能源消耗；调整或改进工艺及生产设备，缩短零件制造过程中的空闲及等待时间；优化产品各部分零件的结构，提高产品的使用寿命及其各部分组件的再利用率。故在设计与制造中进行低碳设计要遵守以下原则：

1）减材原则

减材原则要求设计者在选择零件材料时，应在满足零件力学性能要求的基础上尽可能地减少材料或选择碳排放因子低、回收成本低的材料[10]。

基于减材原则的选材可以大致分为两种。一种是选择自身环保型材料，使用寿命较长的原材料作为产品设计的材料。例如，选择木材、竹材、藤材等，它们都是可再生的资源并且在使用过后的废弃产品也不会造成环境的污染。另一种是选择在生产过程中产生的污染和能耗少的材料，除去自然材料外在生产中还需要大量的复合型原材料，例如，人造的合成材料、复合材料、玻璃等[11]，由于这些原材料不可能直接获取，使用前必须经过工业技术加工，所以在这个过程中必须保证其加工过程对环境无污染影响，并确保其在使用过后的回收工艺中可以被降解或者再利用，使其成为一种良性的循环。

2）节能减排原则

节能减排是指降低能源消耗、减少污染排放、提高资源利用率。其中加工制造设备及工艺作为生产的必不可少的环节，其在减少碳排放、降低能量消耗方面扮演着重要角色。选择合适的加工工艺能有效达到节能减排的目的。

在加工过程中合理地设计走刀轨迹可节省加工时间、减少走刀次数；同时选择合理的加工工艺参数也可以通过缩短加工过程的切削时间来提高加工效率，从而降低加工成本，实现高效率的加工[12]。

3）轻量化原则

轻量化的目标是在给定的边界条件下实现结构自重的最小化，同时满足产品必须的寿命和可靠性要求。为了实现这个目标,需要设计者选择适当的结构、轻质材料以及可实现的制造工艺[13],如图3.10所示。

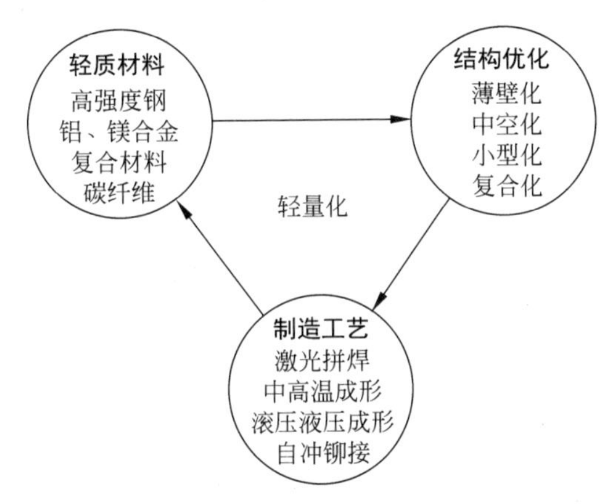

图3.10 轻量化设计原则

结构轻量化主要通过优化结构或材料替代物来减轻质量,其实质是在优化设计中考虑通过轻量设计理念来实现低碳设计需求,在大型产品(如飞机、汽车、机床等)的设计中这一理念体现得尤为重要。如采用高强度钢板、铝合金等轻质高强度材料,或在保持刚度不变的条件下可以在承受很小载荷的区域引入"释放孔"的设计,这些设计均能实现减轻重量的目的[14]。

4) 生态化原则

生态化原则是以环境友好型技术为原则进行的产品设计与制造。在产品整个生命周期内,应着重考虑产品的环境属性(可拆卸性、可回收性、可维护性、可重复利用性等),并将其作为设计目标,在满足环境目标要求的同时保证产品应有的基本功能、使用寿命、质量等。生态化原则要求在设计产品时必须按环境保护的指标选用合理的原材料、结构和工艺,在制造和使用过程中应降低能耗并确保不产生毒副作用,使产品易于拆卸和回收,并使回收的材料可用于再生产。

生态化设计原则要求在产品开发的所有阶段均考虑环境因素,从产品的整个生命周期出发以减少对环境的影响,最终引导产生一个更具有可持续性的生产和消费系统。

5) 可行性原则

可行性原则要求低碳设计不能一味地追求碳排放最小化,还应结合产品的制造性能,在有效减少消耗能源和资源的前提下还要避免降低产品的性价比,综合考虑工艺的复杂程度、产品的生产规模等。

3. 低碳设计的步骤

产品的设计直接影响着产品生命周期上下游的各类碳排放活动,在设计阶段就考虑全生命周期碳排放特性是未来产品低碳设计的发展趋势。因此,在设计产品时需要首先根据前期的需求分析设计出满足客户需求的产品结构；然后借助CAD技术对所设计的产品零部件进行建模，并量化其生命周期总的碳排放，并计算产品零部件的低碳化改进潜能；最后根据结果改进产品结构。

1）产品零部件结构设计

首先根据前期的概念设计，在系统平台上对零件进行结构设计，构建零件的结构模型。然后根据零件的使用工况进行材料选择，并进行力学性能分析。如果材料不满足力学性能要求，则应重新进行设计；如果满足要求则规划其加工工艺，生成零件加工工艺方案。图3.11和图3.12分别为某低碳设计平台的材料选择及工艺设计界面。

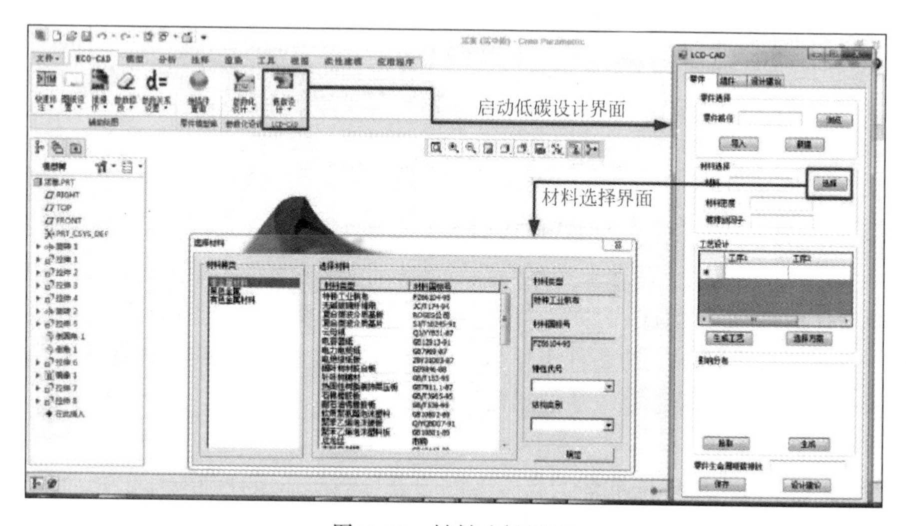

图3.11　材料选择界面

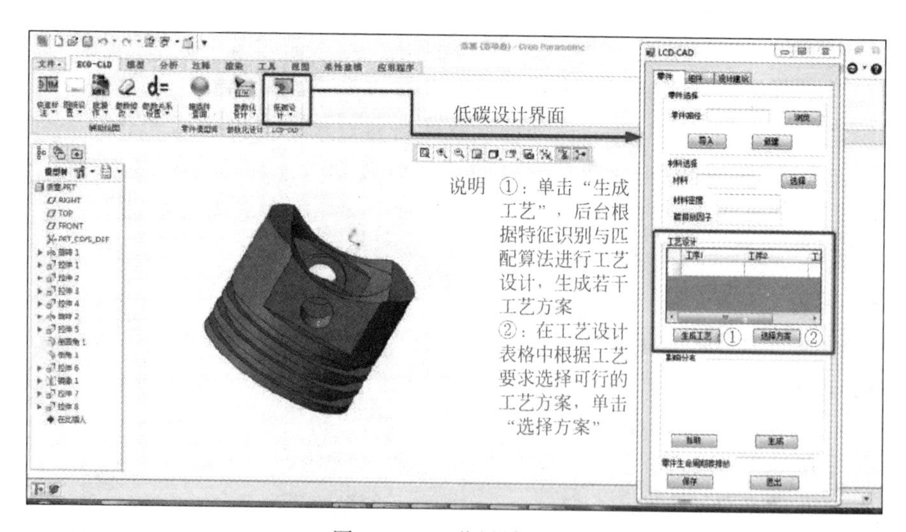

图3.12　工艺设计界面

结构设计是产品设计阶段中最复杂的阶段，其在产品形成过程中至关重要。产品的功能实现完全取决于产品的实际结构设计，结构设计是根据概念设计的功能目标分解来寻找满足相应功能解的零部件，确定产品中主要部件或模块的结构，并确定其材料选择、结构参数、加工工艺等的具体过程[15]，其将生成产品结构树，并确定零部件之间的装配关系。

由于设计阶段对其他生命周期的影响极大，因此不同结构设计方案会影响产品的材料用量、加工方式、回收方式等设计下游阶段活动的低碳性，结构设计的变化可能会增加加工难度、增大加工能耗，从而影响整个生命周期的低碳效果，因此遵守低碳设计的原则是结构设计阶段的关键。

2）产品碳排放的量化

（1）碳排放量化方法。产品碳排放是指产品整个生命周期过程中直接或间接排放的温室气体总量。产品设计方案的评估是一个复杂的动态过程，碳排放的降低可能会造成产品价格的提升，但对产品的生命周期来说，制造装配的简化、使用能耗的降低或产品回收重用率的提高都将对产品生命周期的综合成本产生有益影响。因此，应该综合考虑产品全生命周期的各方面成本，以保证评价的客观性和准确性。对产品设计方案进行碳排放量化是发现设计方案中的高碳部分并反馈优化再设计的关键，产品的碳排放量核算可为设计方案的评估提供决策依据[16]。

通过对零件生命周期碳排放的量化研究，可以核算出产品生命周期碳排放。碳排放的量化主要包括研究对象与系统边界的确定、系统的碳排放特性分析、识别关键碳排放因素、碳排放量化等4个过程，如图3.13所示。

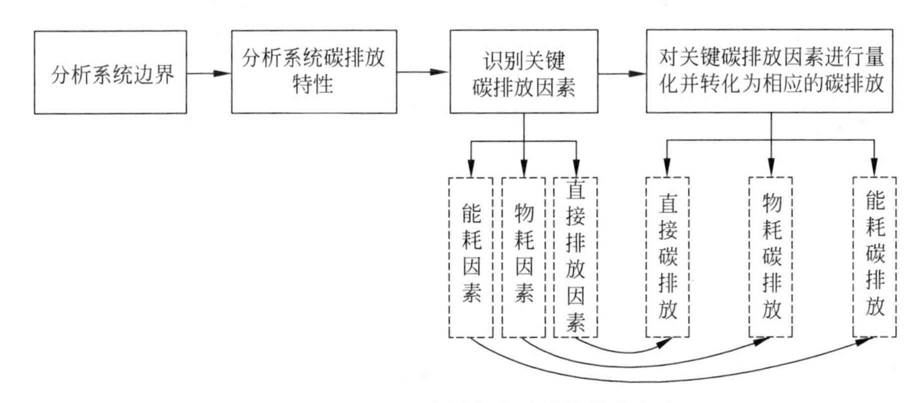

图3.13　基于生命周期的碳排放量化方法

① 确定系统边界。确定所研究的对象，根据该研究对象与研究目的确定其系统边界。对于产品而言，一个产品的生命周期可以被看成是一个系统，生命周期的每个阶段可以被看成是系统中的单元过程，在每个单元过程中被确定的那些影响此过程碳排放因素的准则即是该产品系统的边界。

② 分析系统的碳排放特性。根据研究对象及其系统边界，分析系统的详细工

艺流程，确定其与能源的消耗、物质资源的消耗及直接碳排放相关的设备、工序等，确定相关碳源。

③ 识别关键的碳排放因素。根据系统的碳排放特性分析，可将碳排放源分为3类：能耗碳排放、物耗碳排放、直接碳排放。详细分析各碳排放源因素，忽略次要影响因素(即不考虑碳排放影响较小的因素)，确定关键碳排放因素，以简化量化模型。

④ 量化关键碳排放因素并将之转化为相应碳排放。对关键的碳排放因素进行量化。对于能耗因素而言，其中一次能源主要计算系统内一次能源的消耗量再乘以相应的能源碳排放因子；电能主要计算系统内电能的消耗量再乘以相应的电能碳排放因子。对于物耗因素而言，主要计算系统内物质资源的消耗量再乘以相应的物质碳排放因子。对于直接排放因素而言，分析直排工艺过程，计算系统内的直接排放量。

(2) 基于生命周期理论的碳排放量化模型[17]。产品碳排放可以被看成是产品各零部件全生命周期中材料消耗和能量消耗产生的碳排放的叠加，这里生命周期边界被界定为原材料及能源获取、制造和装配、运输、使用和回收处理等5个阶段，故产品碳排放的量化模型可被表示为[18]

$$G \approx G_m + G_p + G_t + G_u + G_r \tag{3.1}$$

式中，G_m、G_p、G_t、G_u 和 G_r 分别表示原材料和能源获取、制造和装配、运输、使用、回收处理等阶段所生成的碳排放量，单位为($\mathrm{kgCO_2}e$)。并且每一阶段的碳排放都包含材料消耗生成的直接碳排放和能量消耗引起的间接碳排放。

① 原材料获取阶段。原材料获取阶段的碳排放主要来源于材料的获取过程所产生的温室气体排放以及获取过程中消耗的能源产生的间接排放这两个方面。其主要碳排放因素为物耗。在零件结构设计完成后，会综合考虑其经济性、绿色性、力学性能等来选取适宜的零件材料，材料被选定后，其原材料阶段的碳排放量就可以根据公式(3.2)计算获得，如下所示。

$$G_m = \sum_{i=1}^{n}(M_i \times EF_i) = \sum_{i=1}^{n}[\rho_i V_i \times (1+\eta) \times EF_i] \tag{3.2}$$

式中，M_i 表示材料获取过程中生产的第 i 类材料的实物量，单位为kg；EF_i 表示第 i 类材料生产的碳排放因子；η 为材料的损耗率，由于零件在制造过程中有不同程度的损耗，通过对相关制造工艺进行调研，可根据调研结果将制造过程中材料损耗率设定为2%～5%，对于一些难以通过调研获取其损耗率的工艺过程，可采用默认值5%。碳排放因子是由材料所决定的，可以通过政府间气候变化专业委员会(IPCC)及国家统计局发布的关于初级材料生产排放数据以及生命周期评价专用软件工具Gabi自带数据库等途径获取。

② 制造和装配阶段。制造和装配阶段的碳排放主要来源于制造基本组件的能量消耗和温室气体的直接排放、产品及零部件组装能源消耗以及组装过程中温

室气体的直接排放等途径。这里能源消耗指一次能源燃烧和二次能源的使用，故制造装配阶段碳排放量可由式(3.3)计算，如下所示。

$$G_P = \sum_{i=1}^{n} E_{i2} \times EF_i + \sum_{j=1}^{m} C_{j1} \times CF_j \tag{3.3}$$

式中，E_{i2} 和 C_{j1} 分别表示产品制造和装配过程中消耗的第 i 类能源实物量和排放的第 j 类温室气体实物量，单位为 kg；CF_j 表示第 j 类温室气体的碳排放因子。

③ 运输阶段。运输阶段的碳排放产生来源于产品运输至产品销售商和产品送至消费者的过程中。这一阶段的碳排放量可由式(3.4)计算，如下所示。

$$G_d = \sum_{i=1}^{n} T_i \times D_i \times EF_i + \sum_{j=1}^{m} C_{j2} \times CF_j \tag{3.4}$$

式中，T_i 表示第 i 类交通工具的平均每公里消耗能源量，单位为 kg；D_i 表示第 i 类交通工具的运输距离，单位为 km；C_{j2} 表示运输过程中排放的第 j 类温室气体实物量。

④ 使用阶段。产品使用阶段的碳排放主要来源于能量的消耗和温室气体的直接排放这两个方面。这里设能量消耗为电能消耗，其电力排放因子应根据所处电网的具体位置确定，如式(3.5)所示。

$$G_u = E \times T_w \times 365 \times EF + \sum_{j=1}^{m} C_{j3} \times CF_j \tag{3.5}$$

式中，E 和 T_w 分别表示实测的日耗电量(kW・h)和平均运行时间(年)；EF 表示电力碳排放因子；C_{j3} 表示使用过程中排放的第 j 类温室气体实物量。

⑤ 回收处理阶段。回收处理阶段的碳排放主要来源于拆解、材料回收、零部件重用、再制造和能量回收等回收处理过程中能量的消耗和温室气体的直接排放，如式(3.6)所示。

$$G_r = \sum_{i=1}^{n} E_{i3} \times EF_i + \sum_{j=1}^{m} C_{j4} \times CF_j \tag{3.6}$$

式中，E_{i3} 和 C_{j4} 分别表示产品回收过程中消耗的第 i 类能源实物量和排放的第 j 类温室气体实物量。

3) 低碳化改进潜能及改进设计

借助 CAD 技术可快速得到量化后的产品各零部件的碳排放，但真正要评判产品的碳排放性能来更好地协助设计人员进行低碳改进设计则还需要从生命周期阶段中的材料、制造工艺、使用、拆解回收等方面来构造零部件低碳评价指标：$W_1 k_{m,i}$、$W_2 k_{p,i}$、$W_3 k_{u,i}$、$W_4 k_{r,i}$，并根据这些指标建立零部件低碳优化设计潜能计算方法，如式(3.7)所示。

$$K = W_1 k_{m,i} + W_2 k_{c,i} + W_3 k_{u,i} + W_4 k_{r,i} \tag{3.7}$$

式中，K 为零部件低碳化改进的潜能，其值越大则产品的低碳化改进潜能越大。W_x 为设计人员根据其重要性设置的权重，其取值范围为 1～10；$k_{m,i}$、$k_{p,i}$、$k_{u,i}$、

$k_{r,i}$ 分别为零件 i 由材料、制造工艺、使用、拆解回收等阶段引起的碳排放在所有零件由材料、制造工艺、使用、拆解回收引起的碳排放总量中所占比例。

根据相应的评价指标计算零部件的低碳化改进潜能并对其结构进行低碳优化，即可降低产品生命周期的碳排放。如 $W_1k_{m,i}$ 指标较大可选用碳排放系数较低的材料、进行结构优化、选用轻质材料、减小零件质量实现轻量化；$W_2k_{p,i}$ 指标较大则可分析各组件的功能，尽量选用标准件，实现产品设计制造模块化，或进行工艺优化，控制制造阶段的碳排放；$W_3k_{u,i}$ 指标较大可改善零件结构，降低使用阶段的能源消耗；指标较大可改善零部件间的连接方式，简化结构，提高拆卸性能等。

3.2.4 易拆解设计

1. 易拆解设计的概念

如今，降低社会制造工业产品过程中能源和原材料费用的需求已成为一个非常新的问题，这极大地增加了社会对更高效产品的需求[19]。因此，市场对实现产品的经济回收和减少其生命周期结束时环境影响的需求大为增加。这些需求可以通过增加产品的价值来满足，方法是允许对其部件和材料进行无损分离，以便在以后的产品中使用[20]。产品的拆解回收能够使产品的零部件或材料得到重复利用，有效提高产品使用寿命以及使材料价值最大化，因此这一方法受到了各国学者的普遍关注。

在过去的几年里，拆解被认为是一种不利的产品生命周期活动，因为它非常困难、耗时和昂贵[21]。许多产品由于需要很高的拆解费用而没有办法维修，因为这些产品要么是手动拆解，要么是自动拆解。手动拆解需要操作员使用许多工具，并且需要较长的时间。尽管自动化拆解所需的操作成本和时间很少，但其需要在机器上投入大量资金。此外，自动化拆解生产线的灵活性较低，因为它们可能不容易到达产品的各种基础设施[22]。这些问题都增加了产品在拆解过程中受到损坏的可能性，从而降低了材料回收的价值，增加了拆解时间，增加了产品在其下线时的废品率[23]。

各国学者对易拆解设计的研究主要涉及易拆解设计准则、易拆解性评价指标、易拆解设计方法等方面。易拆解性设计 DFD(design for disassembly)是设计者用来简化产品拆解过程的设计概念[24]。一般来说 DFD 涉及[25]多个过程，其包括：简化拆解过程，减少拆解所需的时间和成本，允许回收零部件和材料。易拆解性评价指标能够衡量一款产品拆解性能是否达到设计需求，也能够为设计人员提供易拆解设计的方向，提高设计效率。

通信网络产品可拆卸设计规范

2. 易拆解设计原则

对废旧产品进行回收再利用不仅能够减少原材料的消耗，还可以减少产品中的有害物质对环境造成的污染。而一款产品的回收再利用能否顺利进行，其首先要解决的就是对废旧产品进行拆解的问题。因此，在产品的设计阶段就对产品的拆解回收进行设计目前已成为当前产品研究的一个热点。易拆解设计原则就是为了将产品的拆解性要求转化为具体的产品设计而确定的通用或者专用设计准则，其具有一定的通用性，适用于各类产品的易拆解设计。本书选取了部分易拆解设计原则并将其应用于机械产品的易拆解设计中。易拆解设计原则主要有：结构可拆原则、拆解易操作原则、易分离原则和结构可预估性原则等。该原则的详细分类及具有设计意见的内容可见表3.4。图3.14介绍了易拆解设计原则的结构关系。

产品设计拆卸回收原则科普短片

表3.4　易拆解设计原则分类及具体设计意见

设计原则分类		内　容
结构可拆原则	连接方式易拆解	尽量选用卡扣式、螺纹式等易拆解的连接方式，尽量不用焊接、粘接、铆接等难以拆解的连接方式
	连接数量最少	拆解部位连接件数量要尽可能地少，同时也要减少连接类型，进而避免频繁更换拆解工具
	拆卸运动简单	尽可能减少零部件的拆卸运动方向，避免采用复杂的拆卸路线(如曲线运动)，并且拆卸移动的距离要尽可能地短
	连接部位可达性好	尽量做到拆卸部位视角可达、实体可达以及预留足够的拆卸操作空间
拆卸易操作原则	模块化设计	按功能将产品划分为若干个各自能完成某些功能的模块，并统一模块之间的连接结构和尺寸
	零部件位置布局规划	将必须拆卸好零部件布局在或接近拆卸路径顶层
	紧固件标准化	要求尽量采用国际标准、国家标准以及行业标准的硬件，减少元器件、零部件种类、型号和样式
	废液处理简易	结构中预留有易于接近的排放点，使废液能安全地排出
	拆卸部位易抓取	拆卸部位表面设计预留便于抓取的部位，以便准确、快速地取出目标零部件
易分离原则	材料种类少	在满足性能要求的条件下，尽可能使用同类材料或少数几种材料
	材料相容性	材料之间的兼容性对拆卸回收的工作量具有很大的影响，尽量使用兼容性能好的材料组合可减少拆卸回收的工作量
	一次性表面准则	表面最好是一次加工而成，尽量减少在其表面上进行的电镀、涂覆等二次加工，这是因为二次加工后的附加材料往往很难分离，残留在零件表面的材料在回收时很容易成为杂质，影响材料的回收质量

续表

设计原则分类		内　容
结构可预估性原则	防腐防老化	需拆卸的零部件在保证连接稳定性的前提下尽量采用防腐蚀、防老化的材料制造
	拆卸部位保护	对需要进行拆卸的部位采用特殊材料或进行预处理，减少拆卸部位的不可预估性变化
	防锈处理	对暴露在恶劣环境下的零件采用防锈连接

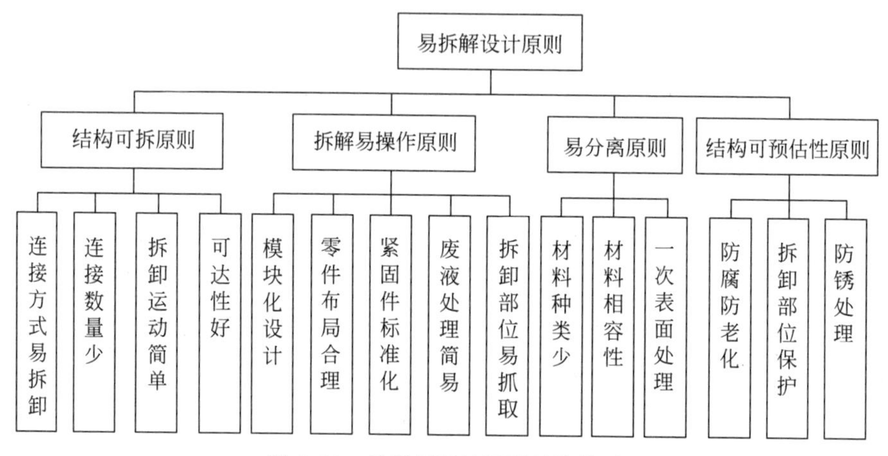

图 3.14　易拆解设计原则结构关系

3. 易拆解设计流程

易拆解设计流程是一个动态循环的过程，如图 3.15 所示。产品的易拆解设计主要包括产品拆解信息数据的采集、数据的处理与建模、拆卸序列的规划、拆解性能的评价、产品的易拆解设计改进以及产品的性能审核等。当产品的审核不通过时需要对设计进行再次改进，返回流程中的第二步再次进行信息数据的采集建模，并重新对新的产品进行易拆解设计。

1）产品拆解信息数据的采集

准确可靠的产品拆解数据能够为数据处理与建模、拆卸序列的规划、拆解性能评价等工作提供依据，是进行易拆解设计的基础。获得产品拆解信息数据主要有两大途径。

第一，产品的拆解实验。实验有助于优化产品拆解工艺路线、标准化拆解动作、合理化连接关系以及产品的模块化设计等内容的研究。一方面，拆解实验过程中采集的有效数据是对产品拆解性能评价准确性的保证；另一方面，进行拆解实验可加深设计人员对产品结构的认识，并使设计人员能够从实际拆解中寻找改进产品拆解性能的关键点。拆解实验过程中涉及的问题很多，如拆解工艺路线、拆解工具选择、拆解场地和拆解信息数据的记录等。关于拆解场地的设计目前国家有

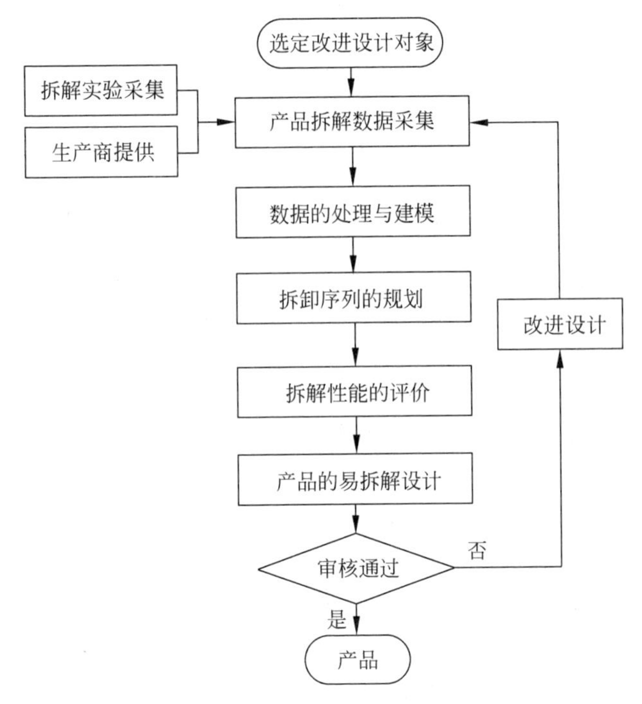

图3.15　易拆解设计流程

关部门已出台相关标准，拆解工艺路线的选取国内多数拆解企业也已经进行了很多研究，并制定了相关拆解工艺路线。

第二，使用生产商提供的产品数据对产品的拆解性能进行分析。这一方式是在拆解实验技术成熟、已多次进行的基础上，依据对大量拆解实验数据的分析统计，总结形成拆解各类连接结构的拆解信息而实现的。例如，通过对大量螺钉拆解的分析，总结出通过螺钉的直径、牙形、长度等因素来分析螺钉拆解能耗、时间等信息。当然，使用生产商提供的数据对产品进行拆解性能分析还存在了很多不确定因素，如数据的错误、生产商的数据伪造等，所以有时会需要对已经采集到的产品信息数据进行进一步的整理分析。

2）数据处理与建模

在完成产品数据采集的基础上，为了确保采集到的产品信息数据准确可靠，需对采集到的产品拆解数据进行分析，并对错误信息进行筛选修改、将不完善的信息进行完善、对不同的零部件信息进行整理归类。为了提高分析产品拆解序列的准确度，在对产品信息数据处理完善后需进一步对产品信息建模，在建模中对产品拆解信息数据进行核查。数据的整理与建模是进行产品易拆解设计的关键技术之一，也是对产品进行易拆解设计必不可少的环节。

数据分析主要是针对数据的可靠性、准确度进行分析，对产品拆解错误或不准确的信息进行修改。数据分析的主要内容包括：产品零件的连接类型、关联零部件、零件型号规格、零件材料以及零件拆解信息等众多的产品信息数据。分析主要以产品拆解实验中获得的产品零部件信息为参考,并要结合新型技术的进展。

数据的处理是对调查、实验等活动中所搜集到的资料进行检验、归类编码,然后依据信息的不同类别、重要性等进行数据的处理工作,它是数据统计分析的基础。数据处理的主要步骤为:

(1) 数据归类。产品的拆解信息数据包含产品的零部件材料、结构、关联部件以及零部件的拆解等多种类信息。各种信息所代表的意义不尽相同,为了保证产品设计过程中的信息数据准确性,需要对各类产品信息进行归类处理。数据归类方式很多,如标注法、列图法、表格法等。

(2) 数据修改完善。数据的修改完善是在产品数据的采集、分析完成后进行的,其主要是对采集到的产品信息数据进行核对修改,用于确保在产品设计中所使用数据的准确性。

(3) 归纳演绎。每一个零部件的信息数据都有很多条,每一款产品的零件个数也各不相等。为了提高产品信息数据采集的准确性和效率,需要对同类连接关系、零部件的基本信息进行归纳总结。例如,通过螺钉的直径、长度、牙型等信息进行分析,得出螺钉拆解的难度、准备时间和拆解时间等。对众多零部件和连接关系的数据进行分析归纳演绎,可以得到各类零部件和连接关系的拆解难度、拆解能耗和拆解时间的计算公式,并以归纳演绎的结果对产品零部件信息进行预测。

(4) 数据标准化。零件的拆解准备时间、拆解时间等数据会受到操作人员熟练度、采用工具类别等因素的影响。在信息的获取阶段,不同的采集方式也会影响信息的准确度。为了提高零部件信息的准确性和统一性,在实验多次进行的基础上对零部件的部分信息采用统一标准化就显得很重要。

3) 拆卸序列规划

拆卸序列是记录下的将产品拆卸成子装配体、零件,或者具体拆卸操作的有序数列。由于产品的各个零件存在关联和一定的约束关系,所以在拆卸的过程中必定要始终满足零件之间的约束关系。在满足某些特定的约束条件下获得最优(或近似最优)拆卸序列的过程就是拆卸序列规划(disassembly sequence planning, DSP),它对于指导实际拆卸作业和提升作业效率具有重要意义[26]。

拆卸序列的构建是基于一系列能够直观表征产品零件约束及优先关系的模型及规则之上的。在规划拆卸序列之前,首先需要进行产品零件之间的关系分析、明确产品零件之间的各种约束、构建合适的拆卸信息模型并描述产品零件接触及约束的优先级关系[27]。当前就国内外研究现状来看,主要的拆卸信息模型可分为如下几种:AND/OR 图、无向图、有向图、Petri 网等,这些模型都是基于图论的模型,均以节点表示零件、以节点之间的连线表示零件之间的连接约束关系。当产品较为复杂时,人工预处理难度也将大大增加且易出错,易产生不准确的产品信息模型。针对信息模型构建方面而言，常见的几种信息模型的优、缺点如表3.5所示。当组件数量较多时，若模型选取不当，则人工完成复杂任务既耗时又容易出错，此时便需要一种清晰、简洁且充分表达产品与零件之间复杂关系的信息模型。拆解序列的规划一直是产品拆解设计的核心研究内容，不同的拆解序列能够对产品的拆解效率、材料回收率以及产品的拆解成本构成很大的影响。拆解序列规划可以被描述为产品约束解除优化问题，设计人员需要依据产品的结构、连接关系、拆解工具、拆解时间、拆解易操作性等信息确定对产品零部件约束关系的最优解除顺序。

表3.5　拆卸信息模型种类及其优、缺点

名称	优　点	缺　点
无向图	构建方式相对简单，可用矩阵描述	仅能反映零件之间的接触关系，无法表达约束关系
有向图	约束关系表达直接，可用矩阵描述	零件之间接触关系无法表达
与或图	相较于有向图，可更为充分表达零件之间复杂的约束关系，可表示多种操作选择，可以用矩阵描述	建模难度较大
Petri 网	可以清楚描述所有拆卸的过程，无法用矩阵描述	对于复杂、大型件产品，建模过程非常复杂

4）拆解性能评价

拆卸序列规划的完成并不意味着产品的拆解性能得到了改善，拆卸序列规划也不能够对产品的结构做出改变，只是在拆解次序上进行了优化，提高了拆解效率。为了提高产品的整体拆解性能，还需要设计者对产品的结构、材料、环境影响等多方面进行分析评估。对产品的拆解性能进行准确合理的分析评估时，首先，需要确定评价指标因子，现有的拆解性能评价因子很多，例如，连接类型、拆解工具、拆解时间、结构深度等；其次，评价因子的量化也是拆解性能评价必不可少的；最后，评价因子对产品的拆解性能影响度不一，为了使评价得到的结果更合理，需要对各因子的权重进行确定。

5）产品的易拆解设计

完成了产品性能评价后，需要针对不同产品的拆解性能进行设计改进。在上节中将产品的评价指标以技术性要求、经济性要求以及环境性要求进行了划分，所以可将产品的拆解性能问题归结为技术性问题、经济性问题以及环境影响性问题。针对不同的问题将可以提出不同的改进设计方案或方法，下面对此进行详细介绍。

（1）技术性改进。技术是产品拥有更好性能的前提，为了提升产品的易拆性能，就必须在产品的技术上取得进步。在产品的结构中，技术性改进方法主要有改变连接结构、改进拆解工具、排布零部件空间关系以及标准化零部件等，详细改进方法见表3.6：

表 3.6 易拆解技术性改进方法

技术问题类型	改进内容
连接结构拆解时间长难度大	在产品的改进设计中，条件允许的情况下应优先采用主动拆解结构和嵌入型连接结构，其次考虑运用卡扣式和螺纹式连接代替其他连接
拆解工具更换多	在情况允许的前提下，尽量多地选择同一连接结构，并且采用模块化、标准化设计，减少零部件的数量和种类
拆卸部位可达性差	为了解决拆解过程的可达性问题，必须从 3 个方面入手：第一是拆解操作看得见——视角可达；第二是操作工具够得着——实体可达，在进行拆解操作时，拆解人员的身体或拆解工具能够接触到拆解部位；第三是足够的拆解操作空间，即需要拆解的部位其周围要有足够的空间，以方便拆解工作

（2）经济性改进。企业作为一个营利性个体，在进行产品的设计过程中首先要考虑的是产品生产成本、使用效果以及产品回收成本。如果一款产品的拆解回收成本过大，也就是可能让生产企业对产品的回收再利用失去研究的动力，那么在产品的实际设计中就需要采用一些特殊的方法来降低其拆解回收成本。

首先，机械化拆解中的拆解执行者是各类机械，其往往缺少人工拆解时人类操作者的智能性和灵活性，为了使得机械化拆解可行性更高，需要在产品的设计阶段就对产品的零部件空间位置、连接关系等多方面进行分析研究。一般要求为：第一是拆卸部位的空间位置可达性好，机械手或其他机械易接触；第二是产品的结构设计规范化，机械拆解缺少人工的灵活性，所以设计时需将各拆解部位进行规范设计才能实现机械化拆解。

其次，对产品的零部件进行模块化设计，减少产品的零部件种类与个数，这样在产品的生产、回收阶段都能减少工作量、有效节约产品的生产成本并降低产品的拆解成本。

（3）环境影响改进。产品的拆解过程可能会伴随有噪声并产生各类排放到环境中的污染物，这些都会对环境产生负面影响。为了降低产品对现有环境的影响，在产品的设计阶段就要对产品回收阶段可能造成的环境影响进行考虑，并尽量运用产品结构设计对产品进行改进。从现有的设计中已知的能够减少环境影响性设计有：采用易拆解结构、专用回收工具、改变连接方式等。改变产品的环境影响不仅仅要对产品的某一环节或某一零部件进行设计改进，也需要对产品的整体拆解进行设计改进。

4. 产品拆解性能评价指标

产品的可拆解性能是指产品拆解的难易程度，包括拆解能耗多少、拆解点是否可达、拆解工具是否易于定位、拆解成本多少，等等[28]。评价易拆解性能的目的是在产品设计阶段挖掘影响可拆解性能的设计因素，从不同的角度分析产品的可拆解性优劣程度，并及时反馈给设计人员，以便于对产品设计方案进行改进，提高产品的可拆解性能。可拆解性评价是可拆解性设计的基础，也是实现绿色设计的重要内容。

1）连接类型

一款产品是由若干零部件通过不同的连接方式连接组合而成，产品的拆解其实就是解除零件间的连接关系。为了满足不同条件下的连接功能，在实际的工程应用中需要采用不同的连接类型。产品拆解的能耗、时间、噪声等都与其零部件的连接关系密切相关。不同连接类型对零部件影响差异很大，各连接类型对零部件的连接交互系数见表3.7所示。为了确定连接类型因子在产品拆解性能影响上的重要度，需要将该因子量化分析。连接类型因子可由式(3.8)进行量化分析，如下所示。

$$CS = \frac{\sum_{i=1}^{n} C_i}{n} \tag{3.8}$$

式中，CS 表示产品结构的连接类型因子；C_i 表示零部件连接的交互系数，可由表3.7得到；n 表示内部连接关系的数量。

表3.7 零部件连接交互系数

连接类型	交互系数	连接类型	交互系数
注塑	1	轻压入	0.6
焊接	1	间隙	0.5
螺丝	0.8	松配合	0.4
螺钉	0.7	盖	0.2
扣	0.6	限位	0.1

2）可达性

可达性指零部件在被拆解时，其形态、位置观察的难易程度、拆解工具抵达其有效拆卸位置的难易程度以及拆卸操作进行时的操作空间是否足够等。可达性可以被概括为3个方面，即视觉可达性、实体可达性和拆解空间大小。零部件的可达性好也就是表示其可被看得见、够得着，并留有足够的拆解操作空间。当然可达性只是考虑零件自身的结构是否阻挡了其相关连接关系的解除，而其他零部件对目标零部件的阻挡是否会影响拆解可达性是不在考虑范围中的。为了将可达性在产品整体拆卸性能中有效体现，本文将可达性影响因子进行了量化，量化公式如式(3.12)所示。

将某一零件的视觉可达性用 S_v 表示，则

$$S_v=\begin{cases}0, & \text{视觉可达性好}\\ 1, & \text{视觉可达性差}\end{cases} \tag{3.9}$$

实体可达性用 S_s 表示，则

$$S_s=\begin{cases}0, & \text{实体可达性好}\\ 1, & \text{实体可达性差}\end{cases} \tag{3.10}$$

足够的拆解空间用 S_o 表示，则

$$S_o=\begin{cases}0, & \text{拆卸空间足够}\\ 1, & \text{拆卸空间不足}\end{cases} \tag{3.11}$$

最终，该零件的可达性 S 可表示为

$$S=\frac{S_v+S_s+S_o}{3} \tag{3.12}$$

由此 $S=1$ 表示零件的可达性差；$S=0.67$ 表示零件的可达性较差；$S=0.33$ 表示零件的可达性较好；$S=0$ 表示零件的可达性好。

3）结构深度

结构深度表明了各零部件之间的相对位置，当某零部件与基准零部件有直接的连接关系时，其结构深度为 1 当某零部件通过另一零部件与基准零部件连接时，其结构深度为 2，依此类推。很明显，零部件的拆解难易程度与其结构深度正相关，结构单元内部零部件结构深度对其拆解性能的影响可由下式进行量化分析(3.13)，如下所示。

$$D_s=\sum_{i=1}^{m}D_i \tag{3.13}$$

式中，D_s 为产品结构深度因子；D_i 为零部件的结构深度；m 为内部零部件的数量。

4）拆解能耗

在产品拆解过程中必然会有能量消耗，能量消耗越大，说明在产品拆解中连接关系的破坏越难。不同连接关系的能耗计算方式各异，以螺纹连接为例，其简化拆除能耗 E_s 可由式(3.14)计算。

$$E_s=0.8M\theta \tag{3.14}$$

$$M=0.2Fd \tag{3.15}$$

式中，θ 表示产生轴向应力的旋转角；M 为拧紧力矩；0.2 为力矩系数，其大小与摩擦系数 μ 及螺纹径 d 相关。以产品为单位进行拆解能耗的计算，就需要对产品中的各个零件的拆解能耗进行综合计算，其可由式(3.16)进行量化分析，如下所示。

$$ES=\sum_{j=1}^{n}E_j \tag{3.16}$$

式中，ES 为产品结构的拆解能耗因子；E_i 为破坏内部零部件间连接所耗费的能量；n 为产品中的零件总数。

5）拆解时间

拆解时间即拆下某一连接所需要的时间。产品是由多个零部件以各种连接方式组合而成的，其拆解时间就是拆卸所有这些连接所消耗的时间总和。拆解时间因子的量化可通过式(3.17)获得。

$$T=\sum_{i=1}^{s}t_{di}+\sum_{i=1}^{q}N_{fi}t_{ri}+t_{a} \tag{3.17}$$

式中，t_{di} 为 i 零件拆解时间，单位：min；N_{fi} 为与某一连接有关的紧固件数量；t_{ri} 为移开紧固件的时间，单位：min；t_{a} 为辅助时间，单位：min；s 为系统零件总数；q 为产品需拆解的零件总数。

6）稳定性

一种连接关系在拆解时可能存在多种工况，需使用不同的拆解工具进行拆解。工况越多，可能换用的拆解工具也就越多，其连接关系的稳定性也就越差。本文认为针对某种连接关系的存在方式，拆解工具已在拆解之前进行了优选，即不同的拆解工具代表不同的工况，故以同一连接关系可能使用的工具个数对稳定性进行评价，稳定性的表示见式(3.18)所示。

$$S=\frac{n-1}{n} \tag{3.18}$$

式中，n 为同一联接关系可能使用的工具个数。

7）环境影响

国内已有相关标准对排放进行量化分析，本书采用国家工业区环境噪声标准、噪声评分标准以及国家环境污染中的废气排放标准等来对拆解过程中 CO_2 等气体的排放、拆解工作的环境影响度进行打分，分数计算如式(3.19)，分值越高，拆解环境影响越大，具体打分见表3.8和表3.9。

$$VS=\frac{\sum_{i=1}^{n}(Z_{i}+F_{i})}{2n} \tag{3.19}$$

式中，VS 为环境影响因子得分；Z_{i} 为零件 i 拆解噪声影响得分；F_{i} 为零件 i 拆解大气污染影响得分；n 为产品拆解零件总数。

表3.8 拆解噪声影响评分

噪声范围	分值
工作噪声＜65 dB	0
65 dB≤工作噪声＜75 dB	0.3
75 dB≤工作噪声＜85 dB	0.4
85 dB≤工作噪声＜95 dB	0.6
工作噪声≥95 dB	1

表 3.9 拆解过程中废气排放评分

废弃排放量	分值
废气排放量＜350 ug	0.2
350 ug≤废气排放量＜700 ug	0.3
700 ug≤废气排放量＜1 000 ug	0.5
1 000 ug≤废气排放量＜1 500 ug	0.8
废气排放量≥1 500 ug	1

再生资源新型回收模式案例集

3.2.5 可回收设计

1. 可回收设计的内涵

1）可回收设计的概念

判断一个产品的设计是否可回收需要有明确的定义。这一定义需要传达给产品的设计者，使其知道什么样的产品是可以回收的，什么样的产品是不可回收的。2020 年 6 月，中国合成树脂协会塑料循环利用分会（CPRRA/CSPA）发布了中国版的可回收性的定义和分类，明确可回收性的定义应同时满足以下 4 个条件：

（1）制品所采用的原材料必须是可回收再利用的，不包括任何由于物理、化学、环境保护、卫生安全等因素限制其再利用的材料；

（2）制品必须被普遍地、规模化地分类并收集到回收体系中以进行再生；

（3）制品的回收和再生过程具有商业可行性；

（4）回收的制品可以再生成为生产新产品的原材料，再生材料具有一定的市场价值，且有相应的法律、法则对其提出了强制使用要求。

该定义是在借鉴国际先进可回收性理念的基础上，结合国内的实际情况而制定的，与国际上可回收性的定义是保持一致的。所谓的可回收并不仅仅是技术上的可回收，而是指其产品在回收再生的过程中具有规模性和经济性，生产出的再生材料应具有市场价值。

可回收设计原则是在产品设计时“充分考虑其材料回收的可能性、回收价值的大小、回收处理的方法、回收处理的工艺等与回收有关的一系列问题，以达到材料资源和能源的充分利用，并确保这些材料对环境污染最小”的一种设计思想和方法[29]。

可回收设计是绿色设计的重要组成部分，是为避免产品在废弃后对环境造成影响而提出的一种具体的解决方案。产品在废弃后能否被有效回收和再生，80%取决于产品的设计。采用可回收设计的产品中，部分产品零部件有些可以直接重新利用，有些经过再制造后也可以重新使用，还有一部分则被作为材料而回收利用。如果产品不按照回收性来设计，其在废弃后很有可能会对环境造成极大影响，或者严重影响回收再生的效率和品质；反之，产品如在设计时就充分考虑其废弃后的回收处置问题，则会最大限度提高产品的再利用效率和品质，极大地提高资源和能源的利用效率。

产品回收是一个复杂过程，其涉及产品的拆解、可用零部件的回收、材料的转化再利用以及有害部件的处理等方面，一般有3种回收方式：产品及零部件的重用与再制造、材料回收、废弃物处理。可回收产品设计是从回收废旧产品的角度出发，在产品生命周期设计的初始阶段就已对产品报废后的回收再循环进行充分考虑的设计，其可便于企业更好地回收再利用各种资源，减少对环境的影响[30]。

2）可回收设计的特点

（1）可回收设计可使材料资源得到最大限度的利用，并减少了固体废弃物的数量。由于从设计开始就考虑了产品废弃淘汰后通过各种途径和方式使产品、零部件或材料得到充分有效的重用、移用或再生，最终剩下的是数量很少的无法利用的废弃物，故该设计可使资源得到最大限度的利用。同时，其也能使各种废弃物的种类、数量大大减少，使资源利用和环境保护同步发展。

（2）可回收设计有利于可持续发展战略的实施。可回收设计使新产品构成中的回收成分增大，减缓了新资源的开采消耗速度，有利于生态平衡和可持续发展战略的实施。

（3）扩大了就业门路，提供了更多的就业机会。废旧产品的回收重用目前仍是一个劳动密集型产业，经过回收设计的产品的回收级别得到提高后，会创造更多的就业岗位，也就提供了更多的就业机会。

（4）物流的闭合性。某一种产品的废弃物可能就是另外一种产品的原材料，只要技术经济上可行，物质就能够不停地处于不同功能、不同形式的状态下；在不能完成某一功能时，只要经过回收就可能再生具有新的功能。

（5）回收过程本身是清洁生产，应该对环境无害，不造成对环境的二次污染。

3）可回收设计的内容

产品可回收设计的主要内容包括可回收材料及其标志、可回收工艺及方法、回收的经济性及可回收产品结构工艺性等几方面的内容。

（1）可回收材料及其标志。产品报废后，其零部件及材料能否回收，取决于其对原有性能的保持性及材料本身的性能。也就是说，零部件材料能否被回收利用，首先取决于其性能变化情况。这就要求在产品设计时必须了解产品报废后零部件材料性能的变化，以确定其可用程度。如根据宝马汽车公司的研究，汽车上的由加强聚酰胺玻璃纤维制造的进气管零件在汽车报废后，其弹性模量和阻尼特性都几乎没有改变，因而该材料可100%被回收重用。

一般来说，产品零部件的材料在使用过程中性能均会有所退化，这种退化有可能使产品的重用性丧失。假设用强度损失的百分比来衡量零部件材料性能的退化，令 d_1 和 d_2 分别代表加工前后的性能退化程度，则加工使材料退化了 $D\%$（D 为加工过程的退化率），$D=(d_2-d_1)/(1-d_1)$。当产品首次制成时，所有材料 100%都是未使用过的，即 $d_1=0, d_2=D$；当第二次循环时，在加工前的材料中加入 $R\%$ 的回收后再利用的材料，此时，$d_2=DR, d_2=D+D(R-RD)$；在第三次循环中，$d_2=D+D(R-RD)+D(R-RD)^2$。显而易见，退化率是随重复利用次数而呈几何级数增长的。在稳定状态下，退化率是项数趋于无穷时的该几何级数之和。若干次循环之后，则有

$$d_2=\frac{D}{1-R(1-D)} \tag{3.20}$$

由式(3.21)可知，能够使用的回收材料利用量 R 受最终产品的容许退化率 T 以及加工过程中的退化率 D 的限制，即

$$d_2=\left(1-\frac{D}{T}\right)\left(\frac{1}{1-D}\right)\leqslant T \tag{3.21}$$

设计标准为

$$R\leqslant\left(1-\frac{D}{T}\right)\left(\frac{1}{1-D}\right) \tag{3.22}$$

则退化后的材料可转用于要求较低的场合，也可用化学处理方式使材料复原。图 3.16 为加工过程中的材料退化情况[4]。

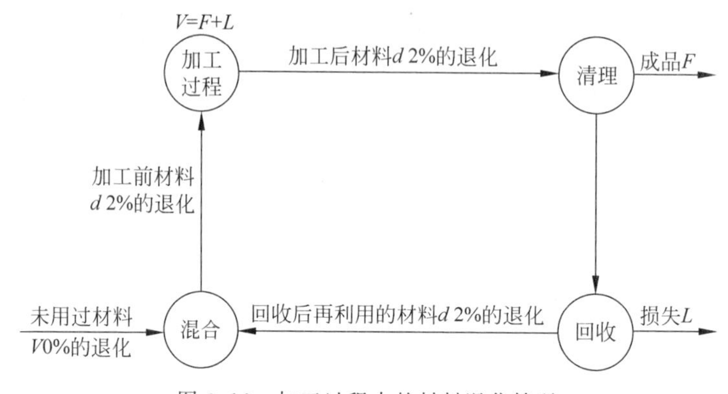

图 3.16 加工过程中的材料退化情况

由于构成产品的零部件数量很多，特别是形状复杂的产品更是如此。那么，怎样识别可被回收或重用的零部件材料呢？这就要求对可回收的零部件材料给出明确的识别标志。这些标志及其识别方法对回收来讲是非常有用的。不同回收方式的回收级别也有区别，重用具有最高的优先权，其次是循环利用，最后是再生。

(2) 回收工艺及方法。零部件材料的回收方法也是回收性设计中必须考虑的问题。有些零部件材料在产品报废后其性能完好如初，可以直接回收重用；有些零部件材料的性能变化甚小，可在稍事加工后用于其他型号的产品；有些零部件

材料使用后性能状态变化很大，已无法再用，需要采用适当的工艺和方法进行处理回收；有些特殊材料（如含有毒、有害成分的材料）还需要采用特殊的回收处理方法，以免造成危害或损失。因此，在产品设计时就必须考虑到所有情况，并给出相应的标志及回收处理的工艺方法，以便在产品生产时进行标识并在产品报废后由用户进行合理处理。

（3）回收的经济性。回收的经济性是零部件材料能否有效回收的决定性因素，其可以根据产品类型、生产方式、所有材料种类等，在设计制造实践中不断摸索，搜集整理各有关数据资料并参考现行的成本预算方法，建立可回收性经济评估数学模型。在设计过程中，利用该模型可对产品的回收经济性进行分析。

（4）回收零件的结构工艺性。如前所述，零部件材料回收的前提条件是能方便、经济、无损害地从产品中拆卸下来，因此，可回收零件的结构必须具有良好的拆卸性能，以保证回收的可能和便利。

2. 再制造设计

再制造是制造的有效延伸，目前已被国家列为战略性新兴产业。再制造工程是以产品的生命周期设计和管理为指导，以优质、高效、节能、节材、环保为目标，以先进技术和产业化生产为手段等来对废旧产品进行修复和改造的一系列技术措施或工程活动的总称[30]。再制造是一种对废旧产品进行回收创新的技术，在再制造过程中同样可以进行创新和优化，从而实现资源的再利用，提高资源的利用率并降低能源消耗，减轻环境污染[31]。

再制造可以作为可回收设计的一部分，科学地说，再制造是一种对废旧产品实施高技术修复和改造的产业，它针对的是损坏或将报废的零部件，在性能失效分析、寿命评估分析等的基础上进行再制造工程设计，采用一系列相关的先进制造技术，使再制造产品的质量达到或超过新品[32]。

产品的再制造过程一般包括7个步骤，如表3.10所示，即产品清洗、目标对象拆卸、目标对象清洗、目标对象检测、再制造零部件分类、再制造技术选择、再制造，以及最终的产品检验等。

表3.10　再制造的步骤

步　骤	内　容
产品清洗	目的是清除产品外部的尘土、油污、泥沙等脏物。外部清洗一般采用1～10 MPa压力的冷水进行冲洗。对密度较大的厚层污物可以加入适量的化学清洗剂，并提高喷射压力和温度。常用的清洗设备包括：单枪射流清洗机、多喷嘴射流清洗机等

续表

步　　骤	内　　容
目标对象拆卸	通过分析产品零部件之间的约束关系，确定目标对象的拆卸路径，完成目标对象拆卸
目标对象清洗	根据目标对象的材质、精密程度、污染物性质以及零件清洁度等要求，选择适宜的设备、工具、工艺和清洗介质来清洗目标对象。目标对象清洗有助于发现目标对象的问题和缺陷，在零件再制造过程中具有重要的意义
目标对象检测	目标对象检测不仅影响再制造的质量，也影响再制造的成本。零件从机器上拆下后，需要通过检测确定其技术状态
再制造零部件分类	再制造零部件应根据其几何形状、损坏性质和工艺特性的共同性进行分类
再制造技术选择	根据再制造企业的技术水平、目标对象的损坏情况以及各种再制造技术的技术、经济和环境特性，选择适宜的再制造技术
再制造	根据所选的再制造技术，进行目标对象的再制造
检验	对再制造后的目标零件进行检验，判断其是否达到技术要求

再制造具有极大的节能节材潜力，从产品设计阶段就开展面向再制造的设计是实现产品(零部件)级循环利用，提高产品竞争力的有效途径。再制造也需考虑以下原则：

(1) 产品价值或所耗费的资源不要太低廉，否则就失去了再制造的价值。

(2) 需考量再制造产品的可行性。这里有两个门槛：一个是技术门槛，再制造不是简单的翻旧换新，而是一种专门的技术和工艺，且技术含量较高；另一个是产业化门槛，即再制造的对象必须是可以标准化或具有互换性的产品，而且其技术或市场具有足够的支撑，使得其能够实现规模化和产业化生产。

(3) 需考量再制造对象的条件，如它必须是耐用产品且功能失效，且必须是剩余附加值较高的并且获得失效功能的费用低于产品的残余增值，等等。

3. 可回收设计的原则

设计时应充分考虑产品零部件及材料的回收率、回收价值、回收工艺、回收结构工艺性等与可回收性有关的问题，以达到零部件及材料的资源充分利用，并在回收过程中尽量减少产生的二次污染。可回收设计原则如表 3.11 所示。

表 3.11　可回收设计原则

原　　则	原则的内容及特点
尽量选用环境友好材料	选用环保型材料，有助于减少产品生命周期中对环境的负面影响

续表

原 则	原则的内容及特点
尽量减少材料种类	材料种类越多,拆卸回收就越困难。因此,在满足性能要求的条件下,尽可能使用同类材料或少数几种材料,这些材料在当时条件下要易于被回收处理
可重用零部件及材料要易于被识别分类	可重用零件的状态(如磨损,腐蚀等)要容易且明确地被识别,这些具有明确功能的可拆卸零件应易于被分类,并可根据结构,连接尺寸及材料给出识别标志。目前国外及国内的大部分电冰箱产品均标明了各部分结构材料的类型及其代号,使其拆卸、分类非常方便
尽量使用相容性好的材料组合	材料之间的相容性对拆卸回收的工作量具有很大的影响。例如,电子线路板是由环氧树脂、玻璃纤维以及多种金属共同构成的,由于金属和塑料之间的相容性较差,为了经济、环保地回收报废的电子线路板,就必须将各种材料分离,但这是一个难度和工作量都很大的工作。目前线路板的回收问题还一直困扰着企业界
尽可能利用回收零部件或材料	在回收零部件的性能、使用寿命满足使用要求时,应尽可能将其应用于新产品设计中,或者在新产品设计中尽可能选用回收的可重用材料
设计的结构应易于拆卸	要回收的材料及重用的零部件应保持毫无损伤或方便地拆下,这可通过选用易于接近和分离的连接结构来实现。应将相容材料放在一起,不相容材料之间采用易于分解的连接。若必须选用有毒、有害材料时,最好将有毒、有害材料制成的零部件用一个密封的单元体封装起来,并使之能以一种简单的分离方式拆下,便于单独处理
尽量减少二次工艺的次数	二次工艺主要是指清理焊缝、电镀、涂覆、喷漆等。由于这些工艺往往会产生环境污染和废物,材料回收过程中首先需要将这些二次工艺产生的残余物清除掉。二次工艺中使用的材料本身很难被重新使用,并且由于其成分复杂,增加了产品回收处理的工艺难度
尽量延长产品设计寿命	延长产品设计寿命可以达到节约资源能源的目的,并且可以减少废弃产品的产生
遵循可拆卸设计原则	回收设计的原则和可拆卸原则的要求是一致的,产品拆卸性能提高了,回收方便性也就提高了

由于影响产品回收性能的因素比较多,有些因素之间往往存在不同程度的耦合,因此,良好的可回收设计应该是在统一的产品设计模型支持下,以计算机辅助手段来进行。

4. 可回收设计的流程

在产品生命周期的不同阶段,回收的方式和内容也不尽相同,故在设计时考虑的重点也应有所区别。根据回收所处的阶段不同,可将回收划分为3种类型,即前期回收、中期回收和后期回收,如表3.12所示[33]。

表 3.12 回收类型

回收阶段	回收内容
前期回收	这种回收方式处于生命周期前段，通常指制造商对产品生产阶段所产生的废弃物和材料(如边角料、切削液等)进行的回收利用
中期回收	在产品首次使用后，对其进行换代或大修，使产品恢复其原有功能和性能，甚至通过模块的扩充使之获得新的功能
后期回收	在产品丧失其基本功能后，对其进行拆解、零件重复利用及材料回收

从产品回收层次来看，产品的回收一般有 6 个层次，即产品级、部件级、零件级、材料级、能量级以及处置级。其中产品级回收是指产品在不断更新升级后得以被反复使用或进入二手市场。从环境保护和节约资源、能源角度来看，在产品设计初期就应考虑产品回收的优先层次关系，以达到综合效益的最大化。产品优先层次如图 3.17 所示，在其经过简单维护升级后就可以实现重复利用是最理想的设计结果，其次应尽可能使组成产品的零部件实现重用，零部件无法重用时则考虑在材料级别上的回收利用，剩余部分可通过焚烧获得能量或进行填埋处理。产品的回收设计过程应按照以上原则来考虑，并尽可能地减少能量及填埋回收方式。图 3.18 是产品的可回收设计流程。

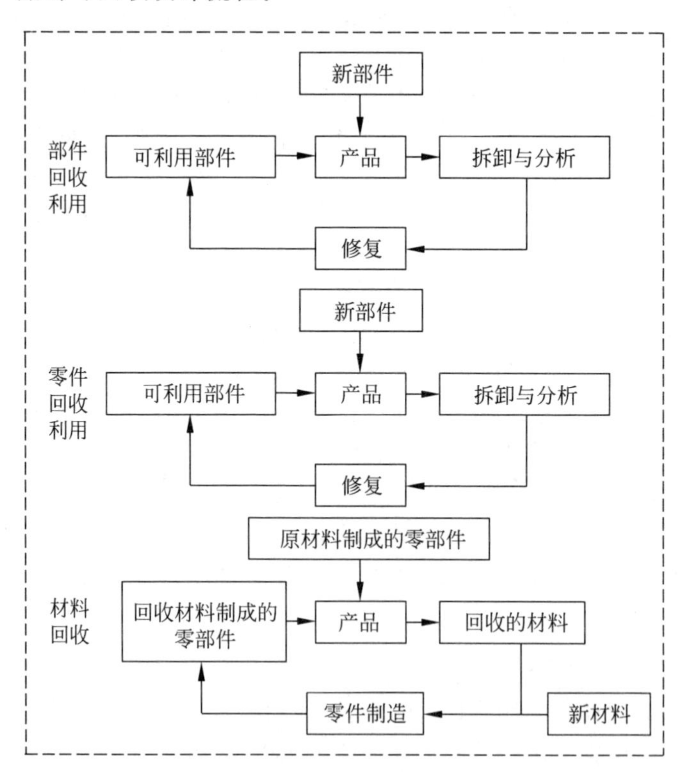

图 3.17 产品回收的优先层次

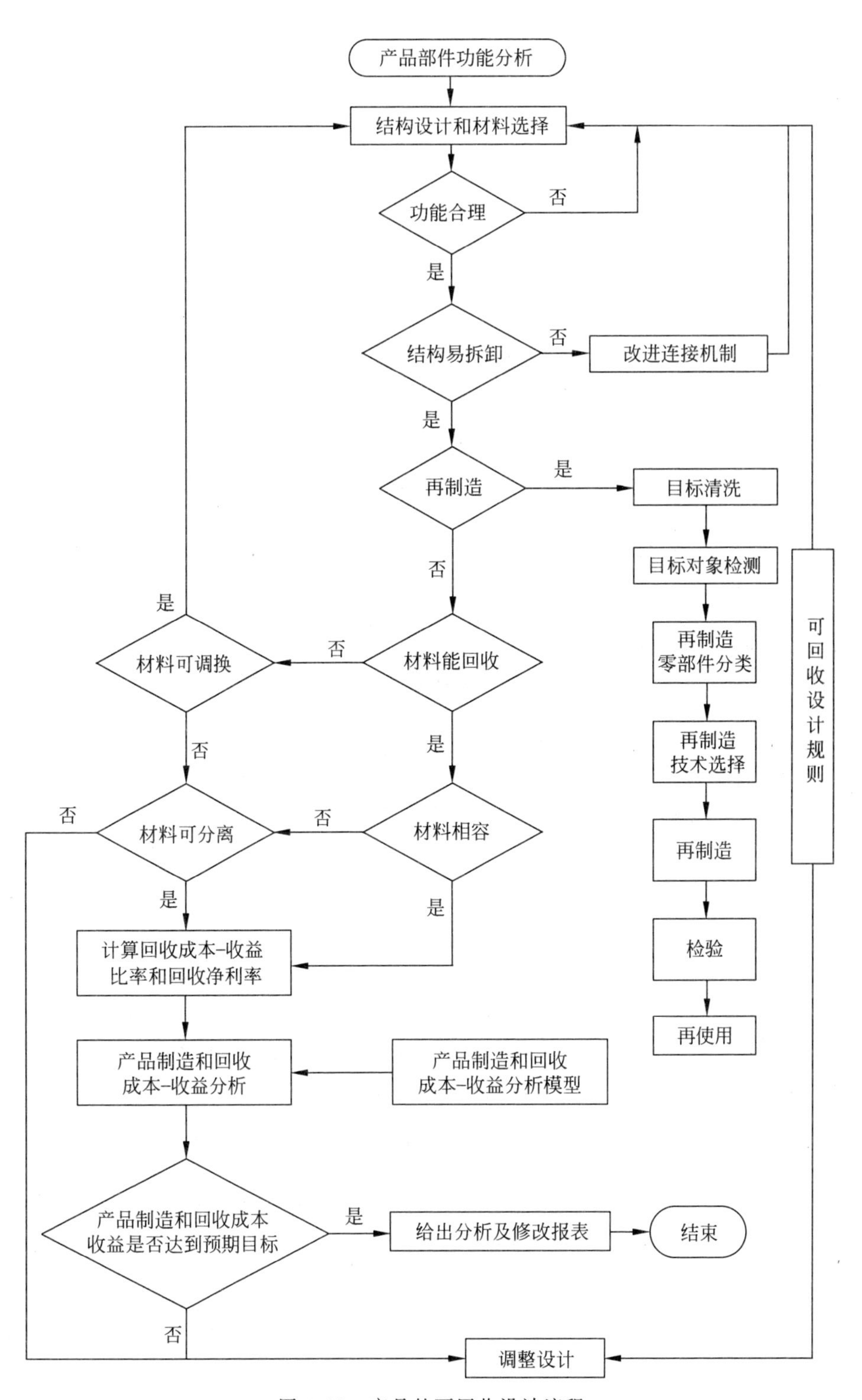

图 3.18　产品的可回收设计流程

习题

1. 什么叫做绿色产品详细设计？
2. 如何判断一个产品的可回收性？概括可回收设计的流程。
3. 易拆解设计的设计原则和设计流程有哪些？
4. 为什么需要易拆解设计？怎样对产品的易拆解性做出改进？

参考文献

[1] 张琳.浅议低碳设计[C]//2010国际工业设计暨第15届全国工业设计学术年会.2010：39-40.
[2] 尹凤福，刘振宇，刘振刚，等.家电产品的绿色设计[J].机械设计，2006(9)：4-5，52.
[3] http://www.abi.com.cn/news/htmfiles/2020-10/230031.shtml.
[4] 刘光复.绿色设计与绿色制造[M].北京：机械工业出版社，2000.4.
[5] 朱世范，许彧青.绿色设计理论与方法[M].哈尔滨：哈尔滨工程大学出版社，2005.
[6] 赵燕伟，洪欢欢，周建强，等.产品低碳设计研究综述与展望[J].计算机集成制造系统，2013，19(5)：897-908.
[7] 佚名.中华人民共和国国民经济和社会发展第十四个五年规划和2035年远景目标纲要[N].人民日报，2021-03-13(001).
[8] 徐兴硕，李方义，周丽蓉，等.产品低碳设计研究现状与发展趋势[J].计算机集成制造系统，2016，22(7)：1609-1618.
[9] 张雷，赵希坤，董万富，等.一种基于CAD平台的汽车零件低碳设计集成系统及其方法[P].安徽：CN107590348A，2018-01-16.
[10] 梅志敏，苏浩，孙翔，等.机械产品设计过程中低碳化转型的分析与研究[J].机械制造，2012，50(8)：36-37.
[11] 李守泽，李晓松，余建军.绿色材料研究综述[J].中国制造业信息化，2010，39(11)：1-5.
[12] 李聪波，李鹏宇，刘飞，等.面向高效低碳的机械加工工艺路线多目标优化模型[J].机械工程学报，2014，50(17)：133-141.
[13] 彭鑫，李方义，王黎明，等.产品低碳设计方法研究进展[J].计算机集成制造系统，2018，24(11)：2846-2856.
[14] HE B，WEN T，SHAN H，et al. Towards low-carbon product architecture using structural optimization for lightweight[J]. The International Journal of Advanced Manufacturing Technology，2016，83(5)：1419-1429.
[15] ZHANG C，HUANG H H，ZHANG L，et al. Low-carbon design of structural components by integrating material and structural optimization[J]. International Journal of Advanced Manufacturing Technology，2018.
[16] QI，LU，GUANG-HUI，et al. A selection methodology of key parts based on the characteristic of carbon emissions for low-carbon design[J]. The International Journal of Advanced Manufacturing Technology，2018，94(9-12)：3359-3373.
[17] 刘琼，田有全，JOHN W. SUTHERLAND，等. 产品制造过程碳足迹核算及其优化问题

[J]. 中国机械工程,2015,26(17): 8.

[18] ZHANG L, JIANG R, JIN Z F, et al. CAD-based identification of product low-carbon design optimization potential: a case study of low-carbon design for automotive in China [J]. International Journal of Advanced Manufacturing Technology,2019,100(9).

[19] OSTI F, CERUTI A, LIVERANI A, et al. Semi-automatic design for disassembly strategy planning: an augmented reality approach [J]. Procedia Manufacturing, 2017, 11: 1481-1488.

[20] MULE J Y O. Design for disassembly approaches on product development [J]. International Journal of Scientific & Engineering Research,2012,3(6): 1-5.

[21] CARRELL J, ZHANG H-C, TATE D, et al. Review and future of active disassembly [J]. International Journal of Sustainable Engineering,2009,2(4): 252-264.

[22] SOH S L, ONG S K, NEE A Y C. Application of design for disassembly from remanufacturing perspective [J]. Procedia CIRP,2015,26: 577-582.

[23] SOH S L, ONG S K, NEE A Y C. Design for assembly and disassembly for remanufacturing [J]. Assembly Autom,2016,36(1): 12-24.

[24] ÖZEN Y D Ö, KAZANÇOĞLU Y. Design for disassembly in smart factories [J]. International Symposium for Production Research,2017,13-15.

[25] FAVI C, MARCONI M, GERMANI M, et al. A design for disassembly tool oriented to mechatronic product de-manufacturing and recycling [J]. Advanced Engineering Informatics,2019,39: 62-79.

[26] ZHOU Z, LIU J, PHAM D T, et al. Disassembly sequence planning: recent developments and future trends [J]. Proceedings of the Institution of Mechanical Engineers Part B: Journal of Engineering Manufacture,2019,233(5): 1450-1471.

[27] BERG L P, BEHDAD S, VANCE J M, et al. Disassembly sequence evaluation: a user study leveraging immersive computing technologies [J]. Journal of Computing and Information Science in Engineering,2015,15(1): 011002.

[28] 刘志峰,杨明,张雷. 基于TRIZ的可拆卸连接结构设计研究[J]. 中国机械工程,2010,21(7): 852-859.

[29] 刘丛丛. 可回收性设计在塑料领域的发展与研究[J]. 资源再生,2021(2): 40-42.

[30] 程贤福,周健,肖人彬,等. 面向绿色制造的产品模块化设计研究综述[J]. 中国机械工程,2020,31(21): 2612-2625.

[31] ZHANG X. ZHANG M, ZHANG H, et al. A review on energy, environment and economic assessment in remanufacturing based on life cycle assessment method [J]. Journal of Cleaner Production,2020,255(2-3): 120160.

[32] 佚名. 再制造[EB/OL]. [2021-11-24]. https://baike.baidu.com/item/再制造/9555846?fr=aladdin.

[33] 刘志峰. 绿色设计方法、技术及其应用[M]. 北京: 国防工业出版社,2008.9.

第4章

面向绿色设计的产品生命周期评价

基本概念

生命周期：产品系统中前后衔接的一系列阶段，从自然界或从自然资源中获取原材料，直至其被最终处置为止。

生命周期评价：汇总和评估一个产品（或服务）体系在其整个生命周期间的所有投入及产出对环境造成潜在影响的方法。

碳足迹：直接或间接由一项活动或一种产品的生命阶段累积的二氧化碳排放总量。

碳中和：一定时期内人类活动引起的二氧化碳排放量与二氧化碳人为消除量相抵消。

生命周期清单分析：生命周期评价中对所研究产品整个生命周期中输入和输出进行汇编和量化的阶段。

生命周期影响评价：生命周期评价中理解和评价产品系统在产品整个生命周期中的潜在环境影响的大小和重要性的阶段。

生命周期解释：生命周期评价中根据规定的目的和范围要求对清单分析和（或）影响评价的结果进行评估以形成结论和建议的阶段。

评价目标：进行生命周期评价的原因和应用意图。

功能单位：是对所研究的产品系统服务性能的定量描述。

系统边界：系统与环境的分界面，用以区分系统与环境（或系统）的本质不同和系统所包含的要素的界限。

不确定性分析：用来量化由于模型的不准确性、输入的不确定性和数据变动的累积而给生命周期清单分析结果带来的不确定性的系统化程序。

敏感性分析：就是表示模型有若干个属性，令每个属性在可能的取值范围内变动，研究和预测这些属性的变动对模型输出值的影响程度。

参数化生命周期评价：将参数化原理与一般的生命周期评价方法相结合，为实现可持续产品设计而将环境可持续性评估与参数化设计相结合。

碳排放因子：消耗单位物质或能源所产生的碳排放量，单位为 $kgCO_2e/kg$。

二氧化碳排放当量：指一种用作比较不同温室气体排放量的量度单位。不同温室气体对地球温室效应影响的贡献度不同，为了统一度量整体的温室效应影响程度，采用了人类活动最常产生的温室气体——二氧化碳的当量作为度量温室效应影响程度的基本单位。

4.1　生命周期评价简介

4.1.1　生命周期评价的概念

生命周期评价（life cycle assessment，LCA）作为一种环境管理工具，不仅能对当前的环境冲突进行有效的定量分析和评价，而且还能对产品及其“从摇篮到坟墓”的全过程所涉及的环境问题进行评价，因而是面向产品环境管理的重要支持工具[1]。LCA 是评价产品从材料获取到设计、制造、使用、循环利用和最终废弃处理等整个全生命周期阶段相关环境负荷过程的方法，它通过识别和量化整个生命周期中消耗的资源、能源以及环境排放来评价这些消耗和排放对环境的影响，并寻求减少这些影响的改进措施。

关于 LCA，各国组织机构对其有着不同的定义，其中国际标准化组织（ISO）和国际环境毒理学和环境化学学会（SETAC）的定义更具有权威性。国际标准化组织对生命周期评价的定义是：汇总和评估一个产品（或服务）体系在其整个生命周期间的所有投入及产出对环境造成潜在影响的方法[2]。国际环境毒理学与化学学会对生命周期评价的定义是：生命周期评价是一种对产品、生产工艺以及活动给环境的压力进行评价的客观过程，它通过分析能量和物质利用、废物排放对环境的影响，寻求改善环境影响的机会以及如何利用这种机会[3]。国际环境毒理学与环境化学学会在 1991 年提出了如图 4.1 所示的生命周期评价技术框架，将生命周期

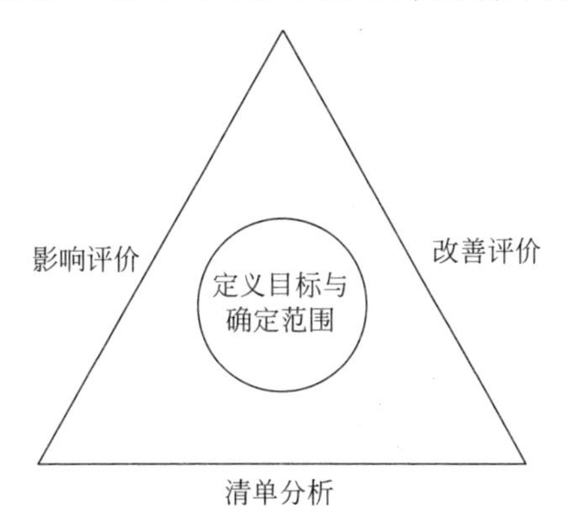

图 4.1　SETAC 生命周期评价技术框架

评价的框架分为四个有机连续的部分：定义目标与确定范围、清单分析、影响评价、改善评价[4]。

LCA 研究现状

4.1.2 生命周期评价的发展

最早对生命周期评价的研究可追溯至1969年，当年美国中西部资源研究所开展的对可口可乐公司饮料包装瓶的环境影响评价研究标志着生命周期评价研究开始，该研究从最初的原材料开采到最终的废弃物处理进行了全过程的跟踪，并定量分析不同的包装对资源、能源和环境的影响；20世纪70年代中期到80年代末期，一些政府开始支持并参与生命周期评价的研究，并开发环境影响评价技术，为LCA应用领域的拓展奠定了基础，使LCA的研究逐步从实验室阶段转向到实际应用中；20世纪90年代到21世纪初，LCA迎来了迅速发展，1991年，由国际环境毒理学会与化学学会在有关生命周期评价的国际研讨会中首次提出了生命周期评价的概念，引起了全世界的关注[5]，1993年国际标准化组织开始起草ISO 14000系列国际标准体系，正式将生命周期评价纳入该体系，此后，欧美国家相继推行了针对产品的环境管理政策，并出台了生命周期的政策与相关法规。

进入21世纪以来，人类活动产生的温室气体排放加速了全球气候变化及环境影响，因此迫切需要政府和企业共同努力来促使全人类减少温室气体的排放。于是，在识别和衡量企业或产品的碳排放量时引入了碳足迹这一概念，《联合国气候变化框架公约》将碳足迹定义为：衡量人类活动中释放的或是在产品或服务的整个生命周期中累计排放的二氧化碳和其他温室气体的总量[6]。英国标准学会(BSI)于2008年10月发布的PAS 2050是全球第一个产品碳足迹核算标准，此后各国政府和相关机构都纷纷开展了碳足迹评价方法的研究。2013年5月，国际标准化组织发表ISO 14067[7]，将之作为产品整个生命周期中的温室气体排放量的评估标准。英国标准协会以ISO 14000系列和PAS 2050等[8]环境标准为基础制定了PAS 2060——碳中和承诺，并于2010年5月正式发布。PAS 2060提出了通过温室气体排放的量化、还原和补偿来实现和实施碳中和的组织所必须符合的规定，并规定碳中和承诺中必须包括温室气体减排的承诺，鼓励组织采取更多的措施来应对气候变化并改善碳管理[9]。

近年来，西方制造大国开始强调智能制造、绿色制造，这需要强大基础数据知识库的支持，为此各国专家学者基于本国国情相继进行了产品全生命周期数据收集、数据挖掘及分析研究，并开发出了针对不同生命周期数据库的软件。在我国工信部、科技部、财政部的相关指导意见中也提到了鼓励采用生命周期评价的相关内容，如提出“逐步建立产品生态设计基础数据库”[10]、试行生命周期评价产品、提出“宜在选择清洁生产评价指标和权重时参考产品生命周期评价的理论”等。然而，由于各国生命周期数据库所包含的环境影响种类、数据要求和取舍标准等具体环节设定区别很大，LCA也会产生相应的统计差别，为了规范LCA的环境影响核算体系，国际组织以及各国的环境等有关部门均出台和发布了一系列文件来对此进行指导。

4.2 生命周期评价在产品绿色设计中的应用

4.2.1 生命周期评价的实施流程

1997 年，在 ISO 14040 生命周期评价原则与框架中对产品生命周期评价的框架做了如图 4.2 所示的描述[11]，其与 SETAC 规定的生命周期评价技术框架的区别在于其将生命周期评价框架分为目标与范围的确定、清单分析、影响评价和结果解释等 4 个步骤。

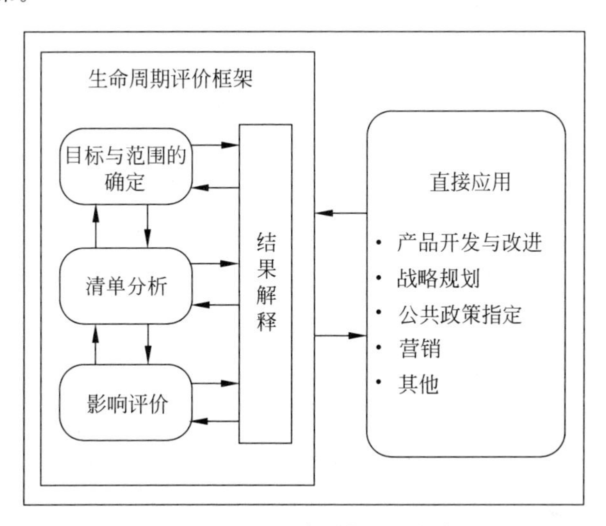

图 4.2　ISO 生命周期评价框架

1. 目标与范围的确定

确定目标与范围是生命周期评价的第一个步骤，其说明了开展 LCA 研究的预期应用意图和开展研究的原因与目标受众等，范围的不同将有可能导致最终能源和物质的输入、输出不同。同时确定目标与范围也将直接影响后续工作量的大小，范围太广会导致工作量很大，最终将没有办法继续进行研究，范围太小又会使研究的结果不准确，与真实值出现很大偏差。由于 LCA 是一个迭代的过程，所以其目的与范围的确定并不是一成不变的，有时需要基于对结果的解释适当地调整已界定的范围，来满足所要研究的目的。

2. 生命周期清单分析

生命周期清单(life cycle inventory，LCI)分析是进行 LCA 工作的重要环节和步骤，是生命周期环境影响评价的基础，同时其也为评价提供基础数据支持[12]。清单分析包括数据的收集、整理与分析，主要工作是收集产品在生命周期边界内各阶段对资源、能源的使用情况以及环境排放情况的详细数据，其主要步骤如图 4.3 所示，从该图可以看出它是一个不断重复和循环的过程。

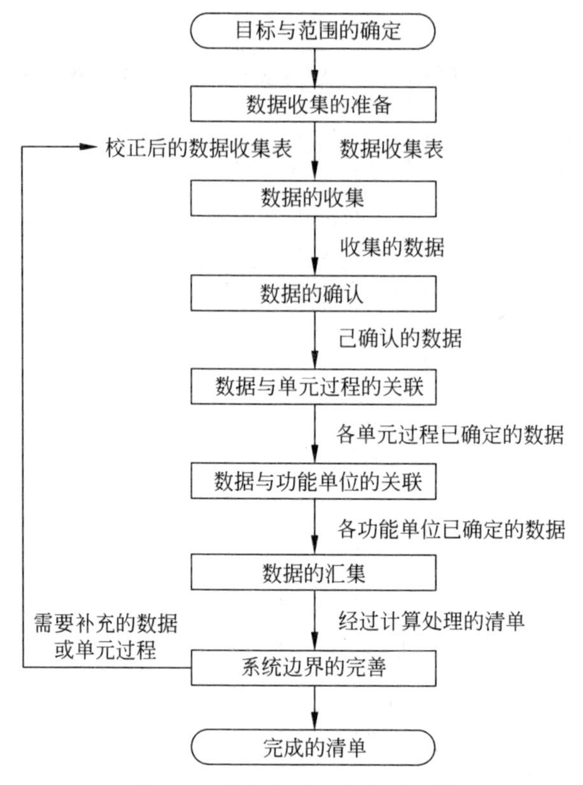

图 4.3 清单分析程序主要步骤

整个产品系统最终的环境交换总量可被表达为每个功能单位的输入和输出，并可采用式(4.1)计算：

$$S_i = T \times \sum_{up} S_{i,up} + \frac{T}{L} \times \sum_{p} S_{i,p} \tag{4.1}$$

式中，S_i 为某个功能单位第 i 种输入、输出的总和；T 为功能单位的期限，单位：年；L 为产品寿命，单位：年；$S_{i,p}$ 为产品系统关键工艺中第 P 个过程单元的第 i 种输入输出交换量；$S_{i,up}$ 为每年使用过程中的输入、输出量。

3. 生命周期影响评价

生命周期影响评价(life cycle impact assessment，LCIA)是 LCA 中最重要的阶段，也是最困难的环节和争议最大的部分。影响评价的目的是根据 LCI 的结果对潜在的环境影响程度进行相关评价。具体来说，就是将清单数据和具体的环境影响相联系的过程，是将 LCA 得到的各种相关排放物对现实环境的影响进行定性和定量评价。ISO 将 LCIA 分为 4 个步骤：影响分类、特征化、归一化和分组加权，其中，影响分类与特征化为必选要素，归一化和分组加权为可选要素，如图 4.4 所示。

4. 结果解释

LCA 结果解释主要是通过对清单分析和影响评价结果所提供的信息进行识

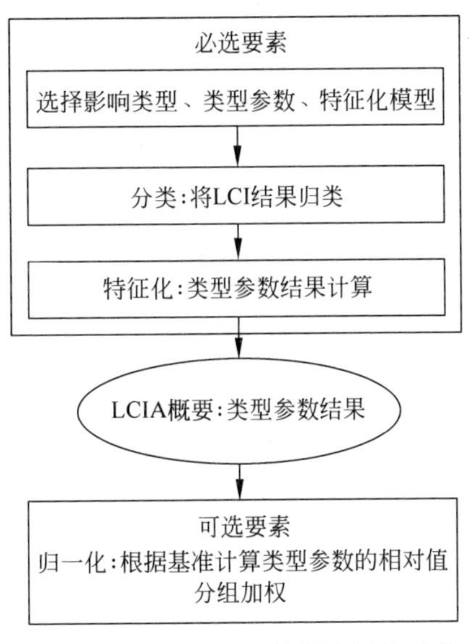

图 4.4　ISO 14044 环境影响评价要素

别、量化、检验和评价,寻求在产品、工艺或活动的整个生命周期内减少能源消耗、原材料使用以及污染排放的机会,并提出改进的措施。这些措施包括:改变产品结构、重新选择原材料、改变制造工艺和消费方式以及废弃物管理等;或者将评估的结果以结论和建议的方式提出,供决策者参考[13]。在进行分析时,必须包括敏感度分析和不确定性分析等内容,另外也需包括对生命周期分析范围的审查、分析过程以及所收集到的数据的性质和品质。

LCA 结果解释主要有如下 3 个步骤:

(1) 根据清单分析和影响评价的结果来识别重要事项;

(2) 对数据进行完整性、敏感性和一致性的检验;

(3) 得出结论,给出改善环境影响的意见和建议,并呈报 LCA 研究结果。

5. 不确定性和敏感性分析

近年来,有不少学者对生命周期评价的不确定性给出了各自的定义,LCA 不确定性[14]可以被概括为:与评价有关的且可能影响最终结果可靠性的因素。通过对清单不确定性的评估,并对不确定性因素进行量化后,进一步识别各参数对分析结果的影响程度也具有重要意义,不确定性的重要性分析即敏感性分析是解决这一问题的主要方法。

敏感性分析[15]是一种定量描述模型输出因素受输入因素影响程度的方法。如假设模型表示为

$$y=f(x_1,x_2,\cdots,x_n) \tag{4.2}$$

式中,x_i 为模型的第 i 个影响因素,在某一基准值 $x^*=(x_1^*,x_2^*,\cdots,x_n^*)$,模型输出为 y^*。

分别令每个因素在可能的取值范围内变动，分析由于这些因素的变动，模型输出 y 偏离基准输出 y^* 的趋势和程度，这种分析方法就叫做敏感性分析。

利用多元回归分析方法进行 LCA 敏感性分析的主要思路是通过多元回归中环境影响因素对 LCA 结果影响大小的分析，来确定各影响因素的敏感性大小和排序，基于建立的函数关系讨论不确定性的传播，确定主要影响因素对评价结果的影响趋势，并通过对函数关系的求导来分析不确定性的大小。基于多元回归的 LCA 敏感性和不确定性分析的流程如图 4.5 所示。

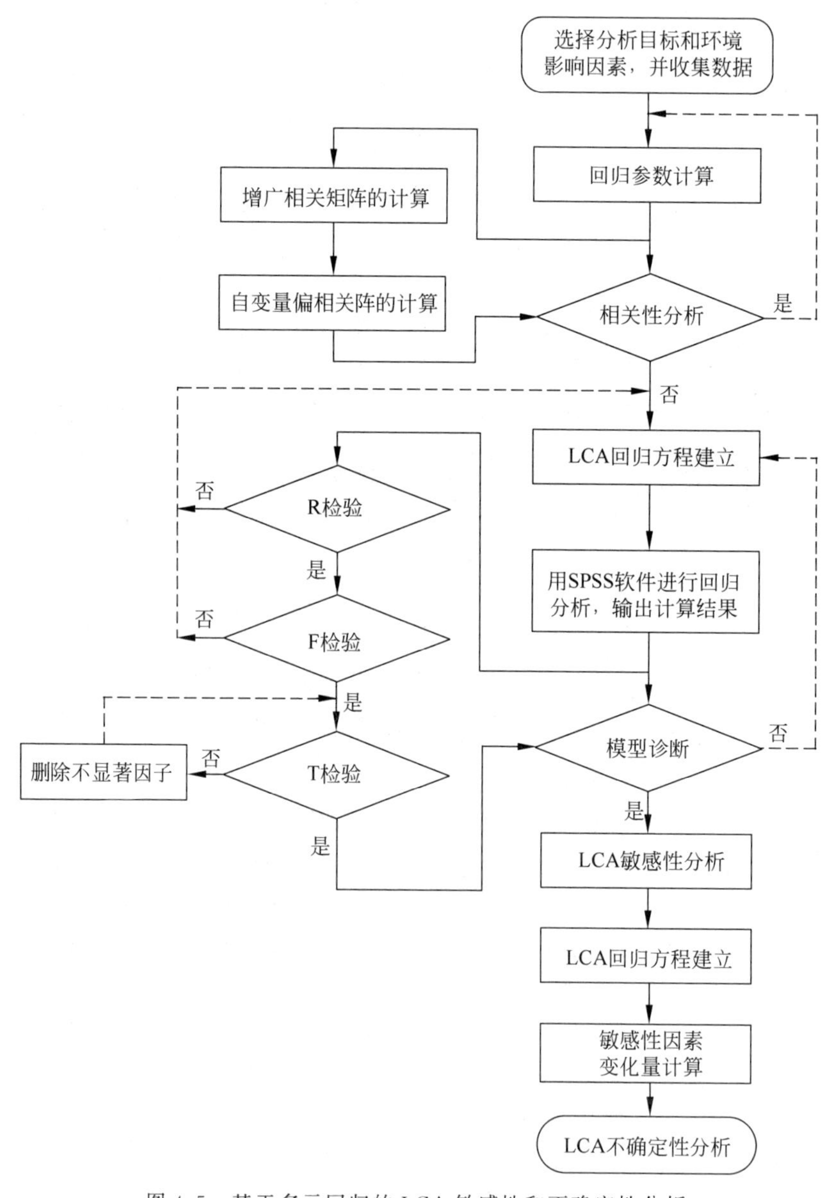

图 4.5 基于多元回归的 LCA 敏感性和不确定性分析

4.2.2 简化的生命周期评价

1. 简化的 LCA 方法

从 LCA 发展之初就有学者提出了 SLCA(simplified LCA,简化的 LCA,又称 steamlining LCA 或 screening LCA,流线的 LCA 或筛选过的 LCA)[16]的思想。简化 LCA 的目的是在提供和完整 LCA 类似结果的前提下减少时间和金钱上的花费。

LCA 的简化思路主要体现在以下几个方面:

(1) 从产品生命周期阶段上进行简化,去掉或限制某些阶段。这种方法可以使 LCA 过程大大缩短,具有较强的针对性,但其结果与完整的 LCA 差别较大,针对这种结果所提出的意见和建议具有较大的局限性。

(2) 从环境影响类型上进行简化,将影响评价集中在主要的影响类型上。在这种途径中,研究发起者或研究人员会选择有较高优先权的问题作为研究的焦点,并在整个生命周期中跟踪这些问题。这种途径的优点是将焦点集中在对使用者非常重要的那些问题上,在将地区因素作为关键因素考虑时特别有效;缺点则是会排除其他许多重要环境考虑因素,做出的决策不可能是针对所有环境和人类健康最优的。

(3) 从 LCA 数据上进行简化。全 LCA 的费用主要用于收集可靠的定量数据,获得这样的数据清单往往是一项艰巨的任务。当无法获得定量数据时,采用半定量化的方法或将定性的信息进行处理后再汇总、分析就是比较简单的做法。对于较难获得数据的材料、工艺、零部件等,采用近似的相对容易获得数据的对象代替也是常采用的简化方法。

这种途径的优点是 LCA 过程相对完整,对有些不易定量化的环境影响因素(如生物多样性、栖息地等)的处理较为合适,缺点是定量数据与定性数据混杂,数据精度不易控制,数据一致性也可能存在问题,解释结果困难较大。

(4) 从 LCA 过程上进行简化。根据 LCA 的目的,对于一些对比性评价而言,只分析不同的内容就能较大程度地简化 LCA 流程和工作量。这种简化途径的优点是过程较少,针对性强,数据量相对也较少,可以避免某些不确定因素,但其缺点是用途局限性较大,缺乏对产品或系统的全面了解和评价。

2. 参数化的生命周期评价

参数化的生命周期评价是一种典型的简化生命周期评价方法,其基本思想是将参数化原理与一般的生命周期评价方法相结合,为实现可持续的产品设计而将环境可持续性评估与参数化设计相结合。参数化的生命周期评价从产品生命周期仿真的现实需求出发,运用生命周期分析理论和产品参数化设计思想,通过建立产品参数化设计模型和参数化生命周期清单模型,实现了产品设计模型与其生命周期清单的关联,为产品详细设计方案、环境影响的快速分析评估等提供了重要的技术手段[17]。

1）参数化生命周期评价流程

ISO 14000 环境管理系列标准对环境影响评价方法进行了系统的阐述，产品参数化生命周期评价需要利用生命周期评价理论框架对原材料及能源获取、制造和装配、运输、使用、回收处理等生命周期阶段中产品的环境属性进行评估，并将评估结果应用于企业的生产实践活动。参数化生命周期评价包括以下 5 个关键部分：

（1）目标与范围确定阶段。该阶段需要明确具体环境影响评价的研究目标、功能、系统边界、数据类型、输入输出初步选择准则以及数据质量要求等，确定整个研究的基本框架，并决定后续阶段的执行过程及环境影响评价预期的最终结果。

（2）清单分析阶段。清单分析是环境影响评价研究的核心环节，也是整个环境影响评价分析中最耗时的阶段。其主要流程有数据的收集与确认、数据与单元过程的关联、数据与功能单位的关联、数据的合并、系统边界的修改以及数据的反馈等，最后将获得可用于环境影响评价的物料清单。

（3）产品环境影响评估阶段。产品环境影响评估是在完成目标界定及清单分析后，通常采用环境影响评价模型将清单分析过程中所得到的产品生命周期中的各种环境数据分类和指标化后再进行评估。其目的是根据清单分析后提供的物料、能源消耗数据以及各种排放数据来对产品所造成的环境影响进行评估。

（4）评价结果解释阶段。产品评价结果解释的目的是以透明的方式来分析结果、形成讨论、解释局限性、提出建议并报告相应的评价结果，最终根据研究目的和范围提供对环境影响评价研究的结果给予易于理解的、完整的和一致的说明。

（5）产品环境改善阶段。产品设计、制造工艺和生产管理是企业改善其产品环境属性的 3 个重要环节。根据评价的结果有针对性地改进这些环节，能够加速提高企业产品的绿色化水平。参数化生命周期评价的实施流程如图 4.6 所示。

2）参数化清单模型的构建

参数化的清单模型是由一系列基于生命周期过程的清单模块，通过相应的输入输出物质流和能量流连接而构成[18]。其中的清单模块以生命周期分析的清单分析为基础，识别出受产品设计参数或工艺过程参数变化影响较大的清单模块输入或输出流，再通过定量化的方法将这种影响关系导入清单模块中，使清单模块具有更加广泛的适用性，从而满足在设计研发过程中及时获得产品环境性能表现数据的需求。获得产品参数化清单模型的基本步骤如下：

（1）确定各个生命周期过程单元的分析边界，分析这些生命周期过程单元与外部的物料、能量、废物的交换情况，建立相应的生命周期清单模块。

（2）利用实验数据拟合、公式推导、仿真计算等多种方式来定量分析产品设计或工艺过程的相关参数对产品生命周期清单中具体输入或输出流大小的影响。

（3）将上述两步中得到的生命周期过程单元的外部物质交换情况与内部参数

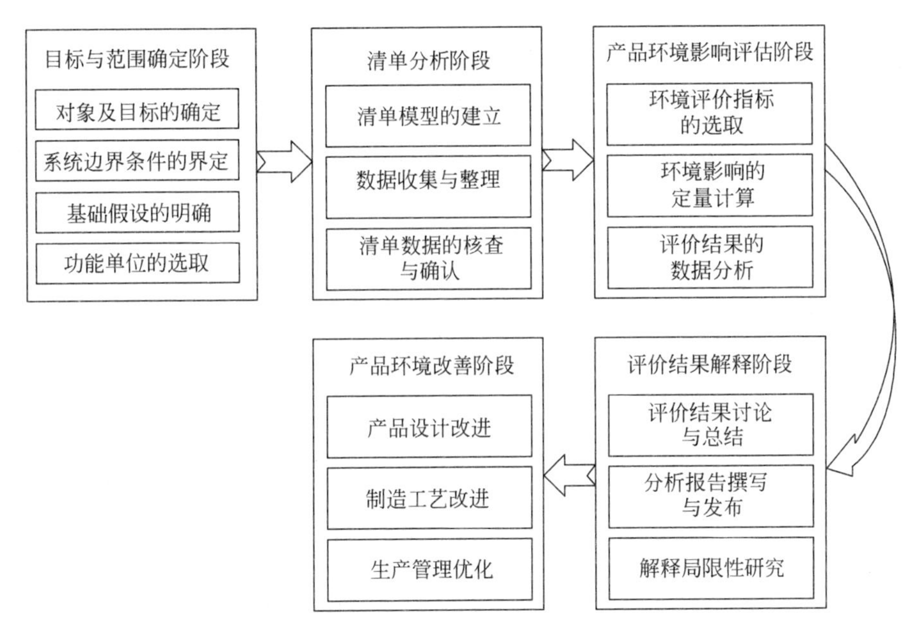

图 4.6　参数化生命周期评价的实施流程

变化影响结果相结合，对部分物质流进行参数化表达，导入内部参数对生命周期过程单元输入输出物质流大小的影响，生成参数化的清单模块。

(4) 对研究的系统边界内的所有清单模块进行汇总、分析，通过清单模块的物质流大小的比例缩放组合、不同清单模块间相应输出与输入流的连接等方式实现整个过程的输入输出物质平衡，从而建立能够描述产品生命周期过程的参数化清单模型。

参数化的产品生命周期评价是一种外部约束式的产品环境问题解决策略，其从产品环境问题的控制这一角度出发，逐步延伸到企业产品的设计、制造、管理等方面[19]。这种评价在产品环境问题的解决上存在滞后性，难以应对产品快速迭代更新背景下的环境风险管控，且其常态化的实施有赖于产品全生命周期仿真模型的支持，设计人员要在设计决策过程中及时获取产品潜在的环境影响，以对产品的不同设计方案进行环境性能的分析比较。

产品生命周期仿真与产品生命周期评价间的关联性如图 4.7 所示。生命周期评价与生命周期仿真的研究基础都建立在产品生命周期清单的基础上，两者的不同之处在于产品环境影响评价的清单是相对静态的，只需要考虑到特定分析情景下的情况；而产品生命周期仿真则需要清单能够反应出产品设计参数、工艺参数差异性造成的产品潜在环境影响上的差异。

在建立产品生命周期仿真模型前，利用生命周期评价理论对产品生命周期过程进行梳理，可以确保在此基础上所建立生命周期仿真模型的准确性和有效性[20]。利用生命周期评价中所用的系统边界、数据处理准则和环境影响评价方法，能够保证生命周期仿真结果与传统生命周期评价结果在实践应用上的统一性。

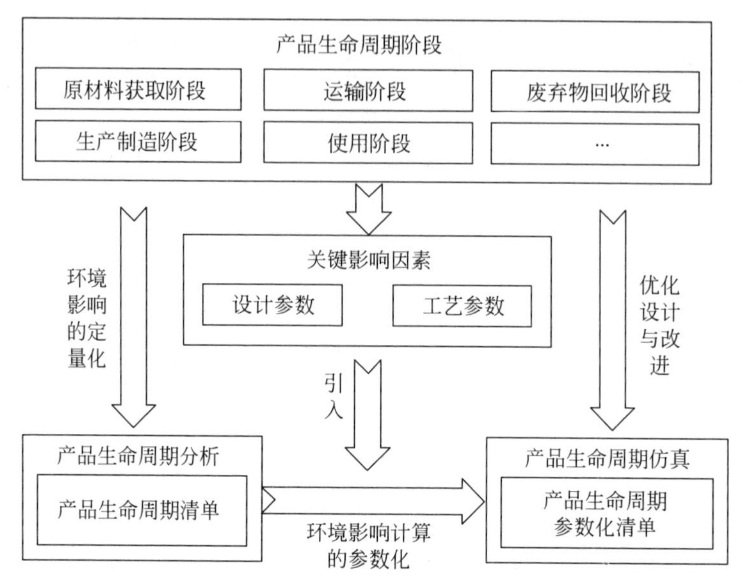

图 4.7　产品生命周期仿真与产品生命周期评价间的关联性

生命周期仿真参数化清单模型是生命周期仿真的核心，其由不同生命周期用参数化清单构成。建立生命周期仿真参数化清单模型需要以产品结构设计模型和生命周期基础数据为基础并采用基于过程的分析方法，以产品生命周期过程为主线来梳理出产品在具体生命周期过程中的物料流、能量流和废物流。

3. 参数化生命周期评价在产品绿色设计中的应用

基于参数化生命周期仿真模型分析不同设计参数下的环境影响、依据产品基本使用要求、以现有产品各环境影响指标为基本约束、以综合环境指标为目标，能够构建产品详细设计方案的绿色设计优化模型。本书提出了如图 4.8 所示的面向绿色设计的产品详细方案优化设计框架，可以辅助设计人员获取、优化产品的详细设计方案。该框架以产品的基本模型为基础来实现详细设计过程和基本性能分析的集成，面向绿色设计的产品详细方案优化设计框架由以下 3 个部分组成：

(1) 产品模型。该部分承接产品的概念设计方案，利用生成的概念设计方案进一步具象出产品的总体布局方案，为详细设计过程中的参数取值提供基本的产品结构模型。

(2) 产品基本性能的分析。该部分主要完成对产品所涉及各类求解问题的分析，由一系列结构化或半结构化的设计子问题求解器模块构成。建立与设计子问题相关的求解模块，可以实现对具体求解细节的封装，简化设计问题的求解。

(3) 产品详细设计优化过程。该部分需要在明确设计目标、设计原则和设计约束的基础上，通过合理的设计过程确定最终的设计方案。具体的设计过程被分成了两个阶段，第一个阶段为详细设计方案生成阶段，第二个阶段为详细方案绿色

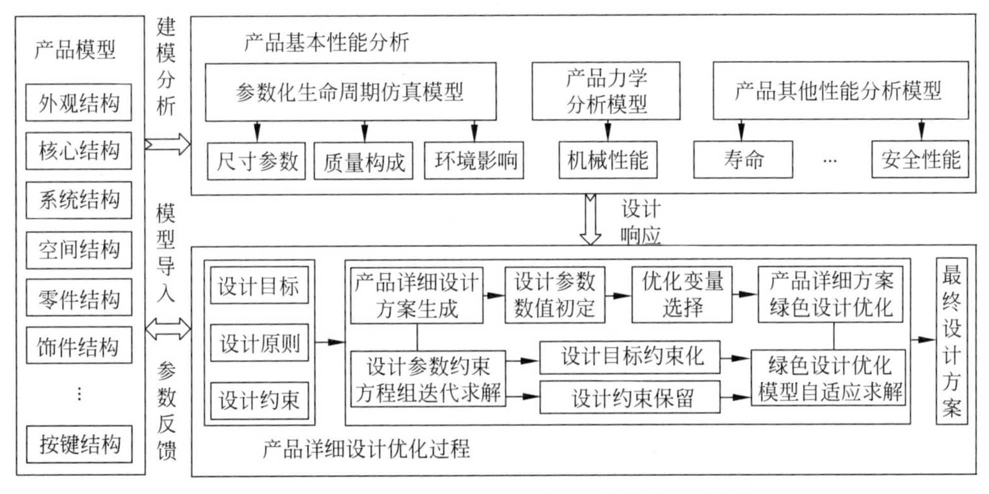

图4.8 面向绿色设计的产品详细方案优化设计框架

设计优化阶段。第一阶段利用对设计参数约束方程组迭代求解的方式获取了初始的可行设计方案，保证产品的基本性能能够达到设计要求；第二阶段的优化设计在第一阶段获得一个或者多个初始设计方案的基础上，基于这些设计方案的参数值在相对合理的设计域中寻找更优的设计方案。整个绿色设计优化求解实质上就是通过不断调整相关设计参数值来实现这些参数值的最优组合。

4.2.3 产品碳足迹分析及其在设计中的应用

1. 碳足迹分析简介

碳足迹分析是绿色设计中的一种常用的分析方式。根据尺度的不同可将碳足迹划分为国家碳足迹、企业碳足迹、个人碳足迹和产品碳足迹等，其中产品碳足迹应用最广。对产品进行碳足迹分析进而得到其碳排放特性是实现产品低碳化的前提[21]，许多产品在生产和使用过程中会排放出除二氧化碳外的其他温室气体，如甲烷、氧化亚氮、氢氟碳化合物、全氟碳化合物，等等，这些气体同样会对环境产生不可忽略的影响。因此，对产品设计方案进行碳足迹分析时，往往将其他气体按照相关的标准转换成二氧化碳当量，并以这个总的排放量来进行评价分析。

对产品设计方案进行碳足迹分析是低碳设计的关键，其有助于设计者发现所设计产品的"高碳"部分，进而通过再设计来改进设计方案[22]。产品设计方案的评估是一个复杂的动态过程，碳足迹的降低可能会造成产品价格的提升，对产品功能结构的适应性、可配置性等性能也可能会造成矛盾、冲突和对立，但从产品的生命周期角度来说，制造装配的简化、使用能耗的降低或产品回收重用率的提高都将对产品在生命周期内的综合成本产生有益的影响。因此，应该综合考虑产品全生命周期的各方面，以保证评估的客观性和准确性。对产品设计方案进行碳足迹分析是发现设计方案中的“高碳”部分并反馈优化再设计的关键，而产品的碳排放量核算可为设计方案评估提供决策依据。

2. 产品碳足迹分析流程

目前碳足迹分析的主要依据的是 ISO 14064～14067 系列标准、世界资源研究所和世界可持续发展工商理事会联合制定的《温室气体协定》(Greenhonse Gas, GHG 协议)系列，以及英国的 PAS 2050 及其导则等。通常来说，产品的碳足迹分析包含如下几个步骤：

(1) 确定产品的生命周期。这一步的重点是建立产品的制造流程图。首先，确定产品对象的设计模式，有从“摇篮到坟墓”、从“摇篮到大门”、从“大门到大门”、从“大门到坟墓”等 4 种[23]。然后，根据生命周期涵盖的不同阶段建立不同的制造流程图。在这一步中，产品在整个生命周期中涉及的原料、活动和过程都应被全部列出，作为后面计算的基础。

(2) 确定系统边界。一旦建立了产品流程图，就必须严格界定产品碳足迹的计算边界。系统边界的界定通常包括系统运行边界的界定和时间段的界定。系统运行边界的界定关键原则是要包括产品生命周期内的直接和间接产生的所有碳排放，在计算时应注意人类活动所导致的碳排放可被排除在边界之外，如消费者为购买产品而产生的交通碳排放等；时间边界的界定主要是指一次碳足迹的核查应在一个特定的时间跨度内进行，一般以一整年为单位。

(3) 收集数据。有两类数据是在进行碳足迹评估时必须具备的，一类是产品生命周期涵盖的所有物质和活动，另一类是温室气体排放。第一类数据考虑的是产品生命周期中消耗的原料和能源所造成的碳排放，应对照相应的核算方法和具体数据将其转变为对应的碳排放量；第二类数据是温室气体所转换而成二氧化碳排放当量。这两类数据的收集应在产品生命周期的各个阶段进行，并且尽可能使用更为准确可信的原始数据。

(4) 计算碳足迹。首先建立质量平衡方程以确保物质的输入、累积和输出达到平衡。然后根据质量平衡方程计算产品生命周期各阶段的碳排放。其基本思路为用每一个活动所消耗的能量乘以其碳排因子，得到该活动产生的碳排放量，并对所有得到的碳排放量求和。

(5) 进行后续处理。主要考虑生命周期过程中不确定因素对碳足迹计算结果的影响，对上一步计算结果进行基于概率理论的不确定性分析，并分析碳足迹对各单元过程中清单数据的敏感性，从而得到前期数据收集工作中所需要考虑的重点清单数据项及其质量水平，并通过后续处理进一步地提高计算结果的准确性。

(6) 核查与声明。检验计算结果的准确性，对上述步骤所得的碳足迹计算结果采用生命周期评价系统进行核算验证，分析其结果的差异性。该步骤主要有第三方机构认证、其他方核查以及自我核查 3 个途径，最终形成详细的碳足迹分析报告并对外发布。

产品碳足迹分析的流程如图 4.9 所示。

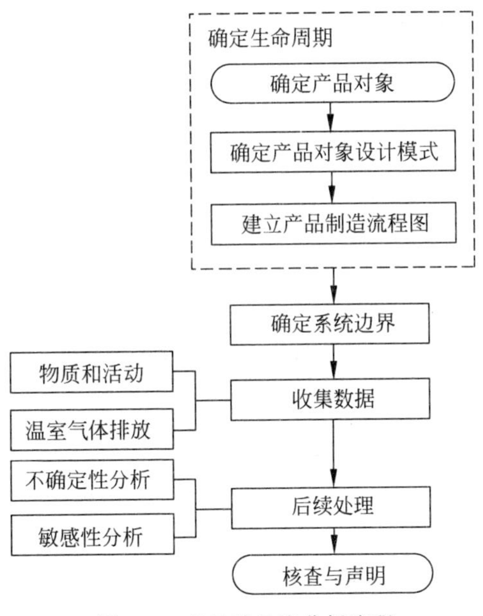

图 4.9　产品碳足迹分析流程

3. 基于生命周期评价的产品碳足迹量化方法

基于生命周期评价的碳足迹量化方法首先由英国的 Carbon Trust 提出，该方法立足于过程分析，首先对所研究的对象生命周期内的输入和输出进行清单分析，然后根据数据清单已有的数据库计算研究目标在全生命周期的碳排放。该方法是一种评估产品在整个生命周期内全部投入和产出对环境造成影响的方法，其采取自下而上的方式计算碳足迹，具有细腻性好、针对性强的优点，适用于微观系统，如产品的碳足迹核算[24]等。由于在利用生命周期评价进行产品碳足迹量化的过程中存在产品碳足迹系统边界划分差异和数据来源不同的问题，所以需考虑数据和方法的不确定性。又因为划定系统边界时只考虑直接和部分间接影响因素，因此其评价结果存在截断误差[25]，且在获取评价产品全生命周期过程的详细清单数据时需要投入较大的人力和物力资源，所以进行碳排放评估之前需要大量的数据准备工作。

因此，有学者结合生命周期评价方法和投入产出分析法，提出了混合生命周期评价方法来进行碳足迹量化，其通过技术矩阵表示评价对象生命周期各阶段的投入和产出，使微观系统与宏观经济部门之间的关系得以在统一框架中描述。利用混合生命周期评价方法进行碳足迹量化的计算公式如式(4.3)所示。

$$\boldsymbol{G}=\begin{bmatrix}\boldsymbol{b} & 0\\ 0 & \boldsymbol{b}\end{bmatrix}\begin{bmatrix}\boldsymbol{A} & \boldsymbol{M}\\ \boldsymbol{L} & \boldsymbol{I}-\boldsymbol{A}\end{bmatrix}^{-1}\begin{bmatrix}\boldsymbol{k}\\ 0\end{bmatrix} \tag{4.3}$$

式中，$\boldsymbol{G}$ 为研究对象的碳排放量；$\boldsymbol{b}$ 为微观系统的直接碳排放系数矩阵；$\boldsymbol{A}$ 为产品生产过程的技术矩阵，表示分析对象在生命周期各阶段的投入产出；$\boldsymbol{M}$ 为研究对象所在的微观系统向宏观经济系统的投入；$\boldsymbol{L}$ 为宏观经济系统向分析对象所在的微观系统的投入；$\boldsymbol{I}$ 为范围矩阵；$\boldsymbol{k}$ 为需求向量。

这种结合了投入产出法和生命周期评价法的混合方法既保留了生命周期评价方法针对性强和细腻的优点，也避免了截断误差，实现了投入产出表的利用最大化。因此，该方法可明显减少碳足迹分析过程中人力和物力资源的投入，适用于对各类系统进行碳足迹分析[26]。但这就导致了该方法对使用人员的理论水平要求很高，因此目前应用较少。

两种碳足迹分析方法的特点如表 4.1 所示。

表 4.1　两种碳足迹分析方法的特点

特　点	方 法 名 称	
	生命周期评价	混合生命周期评价
优点	针对性强	时间和劳动力强度小；针对性强
缺点	时间和劳动强度大；存在截断误差	对研究人员的理论水平要求较高
特点	自下而上	全面客观
适用范围	微观系统(具体产品)	宏观系统和微观系统
应用难度	简单	复杂
数据不确定性	低	低

4. 基于产品碳足迹分析的设计优化

产品设计是一个设计→评价→再设计的过程，对产品设计方案进行碳足迹分析的最终目的是利用评价结果来指导产品设计的改进和优化，进行再设计以实现节能减排、绿色环保的目标。低碳再设计是通过对产品的结构、材料、功能以及包装运输上的优化改进，实现在产品生命周期的 5 个阶段活动中，碳以及其他各种温室气体排放量的减少，保证在各个阶段都维持最小能源消耗的产品设计[27]。基于碳足迹分析对产品进行的绿色设计优化，主要内容有以下几个方面：

(1) 材料。对于产品的材料而言，其“再设计”主要是材料的选择问题。重新选择更加合适且低碳的材料，并减少在原材料获取阶段、产品的生产加工阶段所产生的碳排放。选择材料时应在满足性能要求的情况下尽可能地选择无毒、无害、易回收、易降解的材料，减少对环境的损害和降低生态负担。

(2) 结构。结构的低碳化改进，就是在保证质量的前提下尽量简化产品结构，使产品更容易被装配和拆卸，降低产品在加工、装配和回收阶段的碳排放。因此再设计时应使产品的结构模块化，并尽量使用标准件。

(3) 功能。产品的功能设计首先应满足用户的需求，再设计的产品同样也应该能够完全满足产品设计者在设计之初所设想的各种功能。在此基础之上，产品再设计时可以适当增加一些其他功能，使产品更便于使用，同时也具有更好的绿色性能。例如，许多路灯在设计时都增加了太阳能板和蓄电箱，这样既能在晚上满足照明需求,又能减少能源的消耗,达到绿色设计改进的目的。

(4) 加工工艺。通过对工艺的改进与简化和使用更先进的生产设备,可以减少生产过程中消耗的能量,从而减少碳排放量。同时,改进生产工艺可以降低废品率并提高良品率,这不仅可以提高产品的品质,使之更好地满足用户需求,获得更多的利润,也在间接地降低原料的消耗,同样减少了碳排放。

(5) 包装运输。在满足保护产品不被碰伤、划伤以及不被淋湿等基本要求的基础上,应尽可能减少、简化包装。另外选择可回收、可降解的包装材料也是一种有效地降低产品碳排放的方法。在产品设计过程中,选择合适的运输、存储方式并提高产品的运输效率也是再设计时需要考虑的一点。

要想将碳足迹分析的结果有效地反馈到设计过程中,必须通过实用有效的低碳设计映射模型与方法,建立碳足迹与设计过程的映射关系[28]。这样才能将碳足迹的分析结果反馈到设计阶段,指导设计人员进行低碳设计改进。低碳设计映射的内涵可以从3个方面来理解,分别为面向功能层的低碳设计映射、面向结构层的低碳设计映射和面向参数层的低碳设计映射。随着设计映射过程的深入,低碳设计要求随着功能结构的映射分解、逐渐细化,最后形成产品各结构模块及其零部件的具体低碳设计参数。

设计的本质是对产品设计过程的知识表述,产品设计阶段的知识获取质量及知识形成的效率直接影响产品的制造质量和研发制造周期。一方面,在进行基于碳足迹分析的改进设计时工作量较大,另一方面,已经完成的设计可以作为示例参考,并且在设计过程中会产生大量知识。为了方便低碳设计的进行和更好地利用已经产生的碳足迹分析案例,建立知识库就是一个有效的方法。除了设计参数和分析过程等知识外,知识库还可以包含前设计人员的设计理念、思路、经验等对于新设计师来说非常有帮助的隐性知识。利用知识库快速检索相似设计实例,根据实际的设计目标可以快速得到最优设计方案。

4.3 常用生命周期评价软件工具介绍

LCA的研究工作需要涉及大量数据收集和复杂的数据计算过程,仅仅依靠人工来实施是非常困难的,这也是LCA工作实施的一大阻碍。在过去几十年的发展中,出现了大量与生命周期评价相关的数据库,有公用数据库,也有共用数据库和企业数据库等。许多机构开发出了多种不同的LCA软件,这些LCA软件可以存储大量数据,并支持研究人员根据需要自行添加数据,在其中建立模型,以对产品系统生命周期中的环境影响进行分析评价。这些LCA软件极大地降低了人们的工作强度,有助于各种生命周期评价方法的广泛应用。

由于各个国家和地区的资源禀赋、工艺技术等各不相同,相应的LCA工作的进行和数据使用的要求又具有很大的地域限制,因此各个地区的数据库也各不相同。当前使用较多的 LCA 软件都是可以兼容很多国家和地区的 LCA 数据库，例如，荷兰莱顿大学环境科学中心开发的 SimaPro 软件、德国斯图加特大学和 PE International 公司共同开发的 GaBi 软件以及国内四川大学和亿科环境科技有限公司研发的 eBalance 等。此外，一些专家学者还提出将生命周期分析与典型设计软件集成，综合运用面向对象、并行工程、全生命周期等技术对设计所涉及的公理、经验、标准进行搜集整理，总结出设计准则并建立必要的数据库、知识库，对产品的材料选择和结构设计进行指导，开发对应的绿色设计软件，如 SOLIDWORKS 公司研究开发的 Sustainability、东南大学研究开发的五轴龙门加工中心全生命周期绿色设计平台、山东大学研究开发的机电产品绿色设计系统、合肥工业大学研究开发的家电产品绿色设计平台以及汽车典型零部件低碳设计集成系统等。部分生命周期评价及设计集成软件工具的主要内容如表 4.2 所示。

表 4.2　部分主流 LCA 软件简介

软件名	提供商	软件的主要功能
GaBi	德国 Thinkstep	生命周期评价（LCA）、生命周期清单分析（LCI）、生命周期环境影响评价（LCIA）、面向环境设计（DFE，DFR）、生命周期工程（LCE）等
SimaPro	荷兰 PRé Consultans B. V.	生命周期评价（LCA）、生命周期清单分析（LCI）、生命周期环境影响评价（LCIA）、生命周期工程（LCE）、物质/材料流分析（SFA/MFA）等
JEMAI-LCA Pro	日本 JEMAI	生命周期评价（LCA）、生命周期清单分析（LCI）、生命周期环境影响评价（LCIA）等
EIME	法国 CODDE	生命周期评价（LCA）、生命周期清单分析（LCI）、生命周期环境影响评价（LCIA）等
eBalance	中国 亿科	生命周期评价（LCA）、生命周期清单分析（LCI）、物质/材料流分析（SFA/MFA）、多方案对比等
KCL-ECO	芬兰 KCL	生命周期评价（LCA）、生命周期清单分析（LCI）、生命周期环境影响评价（LCIA）、生命周期工程（LCE）等
BEES	美国 NIST	生命周期评价（LCA）、生命周期清单分析（LCI）、生命周期环境影响评价（LCIA）等
Sustainability	美国 SOLIDWORKS	生命周期评价（LCA）、生命周期清单分析（LCI）、提供即时反馈、自动生成环境报告
五轴龙门加工中心全生命周期绿色设计平台	中国 东南大学	零部件查询、参数化设计、可靠性分析、绿色设计评价、零部件可再制造性评价

续表

软件名	提供商	软件的主要功能
机电产品绿色设计系统	中国 山东大学	基础数据操作、用户数据操作、绿色特征建模处理
家电产品绿色设计平台	中国 合肥工业大学	加电产品的绿色创新设计、绿色性能精准评价、信息反馈
汽车典型零部件低碳设计集成系统	中国 合肥工业大学	参数化设计、材料选择、工艺设计、生命周期碳排放评估、减排建议

下面将简要地介绍几个常用软件。

1. GaBi

GaBi 是德国斯图加特大学聚合物测试与科学研究所和 PE International 公司共同研发的一款生命周期评价专用软件,也是一套物质流分析软件。GaBi 提供制程关联的可视化操作环境、各国基础数据库及操作咨询服务,是协助碳足迹计算、EPD 报告、ErP 符合性验证等的工具之一。GaBi 主要支持生命周期评价项目、碳足迹计算、生命周期工程项目(技术、经济和生态分析)、生命周期成本研究、原始材料和能量流分析、环境应用功能设计、二氧化碳计算、基准研究、环境管理系统支持(EMAS Ⅱ)等项目,可以为工业、运输业、制造业、能源等多个领域的相应产品或处理工艺的 LCA 研究提供模型构建平台,从而将整个产品或工艺生命周期内的输入和输出可视化呈现。

2. SimaPro

SimaPro 由荷兰 Leiden 大学的环境科学中心开发,其主要功能是通过对产品生产过程的建模,测算出生产产品对环境负荷的影响程度。软件提供自动生成评价工艺流程图,降低了专业软件的使用难度,便于用户使用和理解。使用 SimaPro,用户无需花费大量精力了解生命周期分析的具体过程及数据便能以生命周期的观念来改善产品设计,进而达到保护环境的目的,最终获得的以图形化的方式表示出来。SimaPro 软件还可以收集、分析和监测产品与服务的可持续性表现[29]。该软件自 1990 年发布以来,经过不断完善与丰富,截至目前已经发布了第 9 版(Version 9.0),目前仍在不断更新。

3. eBalance

eBalance 是由亿科环境科技有限公司(IKE)研发的、国内首个具有自主知识产权的通用型生命周期评价(LCA)软件,其集成了中国生命周期基础数据库以及 Ecoinvent 数据库、欧盟生命周期基础数据库 3 大权威数据库。该软件一方面为国内产品的 LCA 分析提供了中国本地化的、质量更高的数据支持,另一方面也为出口产品以及含进口原料的产品的 LCA 提供了国际化的数据支持,帮助这些产品弥补了国内数据的缺失,可以认为是最适合中国产品的 LCA 软件[30]。eBalance 适用于各种产品的 LCA 分析，不仅支持完整的 LCA 标准分析步骤，还支持多种方案的对比分析，允许通过调整参数、设置不同情景、选择不同工艺、选择不同数据来源等生成不同的方案，大幅提高用户的工作效率和工作价值，其可用于基于 LCA 方法的产品生态设计、清洁生产、环境标志与声明、绿色采购、资源管理、废弃物管理、产品环境政策制定等工作中。

4. Sustainability

SOLIDWORKS Sustainability 是集成到 SOLIDWORKS 软件中的生命周期评估插件，作为产品设计流程的一部分，其可以根据所指定的材料、制造工艺及地点输入值对设计生命周期中的所有步骤进行全面评估[31]。它与设计环境完全集成，主要考虑碳排放、总能耗、空气影响和水影响 4 项环境指标，并采用行业标准的生命周期评估准则，可以提供即时反馈。因此，其可以支持设计者快速对设计进行调整，降低成本、为产品创造差异化，并最终生成环境报告，获取可持续性评估结果以及获取和评估为最大限度降低环境影响而采取的措施所能带来的结果，还可以显示产品的可持续性简介，比较设计备选方案，分解对复杂装配体的影响。

5. 家电产品绿色设计平台

家电产品绿色设计平台是由合肥工业大学绿色设计与制造工程研究所在多年研究成果的基础上吸收国外多家企业开展绿色设计的方法和经验，结合家电产品生产企业的设计流程与美菱集团合作研究和开发出的对家电产品进行绿色设计的平台软件。该软件建立了家电企业的绿色设计数据库，实现了绿色设计与企业 PDM 系统的无缝集成，并通过对 UG、AutoCAD 与 Pro/E 等设计软件的二次开发，实现了绿色设计平台与现有设计工具的融合。它采用基于 TRIZ 的绿色创新设计方法，按照绿色设计需求与 TRIZ 工程参数转化、创新法则查询、实例案例显示、方案的可行性分析等步骤实现了家电产品设计流程再造，具有操作简单、专业针对家电产品、结合绿色产品认证需求、突出产品的绿色环境性能等特点。该平台软件还衍生出针对冰箱、空调、洗碗机、汽车等绿色设计的版本，并成功应用于相关企业，其中冰箱绿色设计平台软件及家电产品绿色性能评估软件可减少 30%的设计时间和近 40%的设计成本。

4.4 产品生命周期评价应用案例

4.4.1 目的与范围的界定

1. 研究对象与目的

本节将以某企业生产的汽车传动轴为研究对象，运用 LCA 方法分析传动轴全生命周期的环境影响，对传动轴生命周期各阶段的环境影响进行量化，分析环境影响产生的主要阶段与原因，为汽车传动轴开发前期设计、原料选择、改进工艺等提供环境决策依据，以期提升传动轴全生命周期的环境效益。

2. 系统边界的确定

根据生命周期评价需求确定汽车传动轴全生命周期评价模型的系统边界，包括传动轴的原材料获取、零件加工、总体装配、使用维护、回收处理等阶段及各阶段间的运输消耗，汽车传动轴系统边界如图 4.10 所示。

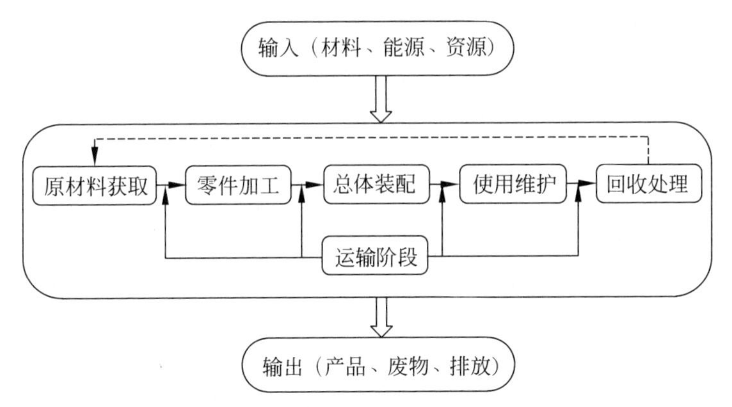

图 4.10 传动轴全生命周期系统边界

3. 功能单位

本书汽车传动轴生命周期评价以某企业生产一个汽车传动轴为基本功能单位，后续数据收集和评价分析也都以该传动轴的生产为功能单位。

4.4.2 清单分析

根据传动轴生命周期评价的目的和范围，搜集传动轴在生命周期各个阶段的输入与输出数据。数据的获取方式主要是到生产车间和制造企业实地测量并记录实际生产数据，以及从现有的生命周期评价软件的内置数据库中获取数据。

1. 原材料获取阶段

汽车传动轴主要由十字轴总成、法兰叉、焊接叉、轴管和花键套等零件组成，归纳整理传动轴产品各零件信息，可列出主要原材料数据如表 4.3 所示。

表 4.3 原材料获取阶段的数据清单

零部件名称	原材料	质量/kg	数量
十字轴总成	40Cr	1.12	2
法兰叉	40 钢	2.23	2
花键轴叉	40Cr	2.51	1
焊接叉	40 钢	1.95	1
轴管	45 钢	4.21	1
花键套	40Cr	2.38	1

2. 生产制造阶段

1）零件加工阶段

在加工车间对汽车传动轴各零件的定制毛坯件进行表面粗加工、数控精加工、加工中心加工，得到合适尺寸的工件。其中热处理调质、超音频淬火等需委托外协处理。零件加工阶段主要考虑的是零部件机加工过程的耗电量，按照传动轴层级关系对其进行统计整理，然后得出各个零件加工阶段数据清单如表 4.4 所示。

表 4.4　零件加工阶段数据清单

类别	材料	质量/kg	能耗/(kWh)
十字轴总成	40Cr	2.24	58.4
法兰叉	45 钢	4.46	24.12
花键轴叉	45 钢	2.51	31.25
焊接叉	45 钢	1.95	20.8
轴管	45 钢	4.21	15.43
花键套	45 钢	2.38	11.6

2）总体装配阶段

在装配车间首先要将两十字轴与对应的万向节叉压装成万向节，并将万向节压入传动轴管两端，然后将压装完毕的中间品装入专用焊接装置，采用气体保护焊将万向节和传动轴管焊接在一起。统计收集装配车间的加工数据及辅助工作消耗数据并进行整理分析，得到传动轴总体装配阶段的数据清单如表 4.5 所示。

表 4.5　传动轴总体装配阶段数据清单

类别	单位	清单值
零部件	kg	17.75
电力	kWh	4.67
焊丝	kg	0.12
氩气	kg	0.002

3. 使用维护阶段

汽车发动机型式为直列四缸，耗油量为 7.6 L 百公里，寿命为 15 年，平均行驶距离为 300 000 km，整车质量为 1 325 kg，传动轴总重为 17.75 kg，传动轴在整车使用过程中不用更换，按照质量分配原则计算能源消耗，可得传动轴在使用阶段的耗油量为 305.4 L，其使用维护阶段数据如表 4.6 所示。

表 4.6　使用维护阶段数据

百公里油耗	寿命	行驶距离	整车质量	耗油量
7.6 L	15 Y	300 000 km	1 325 kg	305.4 L

4. 回收处理阶段

传动轴主要零件原材料为钢材，均可以回收使用，传动轴的回收处理过程包括传动轴拆解、废旧材料预处理、重熔再生、金属熔体精炼等工艺，最终加工成钢锭后供再利用。表4.7为回收处理阶段的数据。

表4.7　回收处理阶段数据

物料名称	单位	用量	备注
40Cr	kg	2.24	回收
45钢	kg	15.51	回收

5. 运输阶段

本书只收集整理传动轴加工企业运输到全车总成企业之间的运输消耗，经核算，传动轴加工企业与全车总成企业平均运输距离为1 600 km，采用卡车进行运输，所采用的卡车参数为：总重为20～26 t、载重能力为17.3 t、柴油驱动、符合欧Ⅲ排放标准。运输阶段数据清单如表4.8所示。

表4.8　运输阶段数据清单

起始点	终止点	运输距离	运输载体
零部件加工企业	全车总成企业	1 600 km	17.3 t/卡车

4.4.3　环境影响评价

1. 分类与特征化

在清单分析的基础上，利用GaBi 9.0软件对传动轴的原材料获取、零件加工、总体装配、使用维护、回收处理阶段进行生命周期建模和计算，采用CML 2001模型对环境影响进行分类与特征化，环境影响分为资源消耗潜值、酸化潜值、富营养化潜值、淡水生态毒性潜值、全球变暖潜值、人类毒性潜值、海水生态毒性潜值、臭氧层损耗潜值、光化学臭氧合成潜值、放射性辐射、土壤生态毒性潜值11类。汽车传动轴的环境影响特征化结果如表4.9所示。

表4.9　传动轴生命周期环境影响分类与特征化

影响类型	生命周期阶段					
	总影响潜值	原材料获取阶段	生产制造阶段	运输阶段	使用阶段	回收处理阶段
资源消耗潜值 (kg Sb-eq)	6.756 824	0.743 502	0.522 474	0.004 955	5.446 487	0.039 406
酸化潜值 (kg SO_2-eq)	7.598 086	0.642 013	0.110 578	0.004 563	1.152 708	5.688 22

续表

影响类型	生命周期阶段					
	总影响潜值	原材料获取阶段	生产制造阶段	运输阶段	使用阶段	回收处理阶段
富营养化潜值(kg p-eq)	1.240 497	0.043 947	0.012 435	0.000 792	0.129 631	1.053 692
淡水生态毒性潜值(kg DCB-eq)	3.115 822	0.990 387	0.182 952	0.001 050	1.907 167	0.034 266
全球变暖潜值(kg CO_2-eq)	1101.537	148.266 5	82.235 5	0.738 747	857.258 1	13.038 4
人类毒性潜值(kg DCB-eq)	74.120 43	31.060 22	2.867 22	0.023 882	29.889 19	10.279 92
海水生态毒性潜值(kg DCB-eq)	284 704.4	260 940.1	1 671.3	10.542 714	17 422.3	4 660.2
臭氧层损耗潜值(kg R11-eq)	1.16E-05	8.515E-06	1.65E-07	1.22E-09	1.722E-06	1.155E-06
光化学臭氧合成潜值(kg Ethene-Eq)	0.590 395	0.067 563	0.025 635	0.000 382	0.267 230	0.229 585
放射性辐射(DALY)	2.85E-07	2.227E-07	4.51E-09	3.34E-11	4.706E-08	1.059E-08
土壤生态毒性潜值(kg DCB-eq)	1.084 901	0.275 691	0.070 013	0.000 437	0.729 851	0.008 909

说明：E 为科学计数法符号，例如“1.16E-05”表示“1.16×10^{-5}”。

2. 数据标准化与量化

根据 CML 2001 模型将环境影响进行标准化、量化为资源消耗潜值、酸化潜值、富营养化潜值、全球变暖潜值、臭氧层损耗潜值、光化学臭氧合成潜值、放射性辐射 7 类环境影响指标，将各环境影响类别转化为同一标准下的量化数据，采用各环境影响类别的环境影响当量值与世界环境影响的总当量数之比值来表示，环境影响归一化结果为无量纲物理量。汽车传动轴的环境影响归一化与量化结果如表 4.10 所示。

表 4.10 传动轴环境影响标准化与量化

影响类型	生命周期阶段					
	总影响潜值	原材料获取阶段	生产制造阶段	运输阶段	使用阶段	回收处理阶段
资源消耗潜值(yr)	2.43E-09	1.78E-10	2.62E-10	6.70E-10	1.31E-09	9.54E-12
酸化潜值(yr)	7.53E-09	5.13E-10	1.06E-09	4.75E-10	9.25E-10	4.56E-09
富营养化潜值(yr)	4.14E-09	1.10E-10	8.99E-10	1.67E-10	3.25E-10	2.64E-09
全球变暖潜值(yr)	1.32E-08	1.21E-09	1.25E-09	3.62E-09	7.04E-09	1.07E-10
臭氧层损耗潜值(yr)	4.37E-12	2.75E-12	4.05E-13	2.86E-13	5.57E-13	3.74E-13

续表

影响类型	生命周期阶段					
	总影响潜值	原材料获取阶段	生产制造阶段	运输阶段	使用阶段	回收处理阶段
光化学臭氧合成潜值(yr)	8.04E-10	6.96E-11	8.07E-11	1.42E-10	2.76E-10	2.36E-10
放射性辐射(yr)	2.74E-11	1.81E-11	2.67E-12	1.97E-12	3.84E-12	8.64E-13
综合环境影响(yr)	2.82E-08	2.10E-09	3.54E-09	5.07E-09	9.88E-09	7.56E-09

4.4.4　结果解释与改进建议

1. 评价结果解释

从环境影响评价结果可以看到，全球变暖、海水生态毒性是汽车传动轴生命周期中表现最突出的两种影响类型，除富营养化与酸化环境影响外，使用阶段是各种环境影响最主要的贡献源。汽车传动轴对全球变暖的环境影响主要产生在使用阶段，占总量的 77.82%，产生该现象的主要原因在于在传动轴使用阶段需要消耗大量的汽油，汽油燃烧会产生大量的温室气体。汽车传动轴的富营养化与酸化环境影响主要产生在废弃回收阶段，分别占总量的 74.86%和 84.94%，这主要是由于废弃回收阶段对钢材料进行回收时会有 NO_x、SO_2 被排放出。原材料获取、生产制造和运输阶段的环境影响都比较小。

2. 产品改进与减排建议

鉴于上述对汽车传动轴全生命周期环境影响评价的结果，为降低温室气体排放及其他对环境的负面影响，下面将给出几点建议：

1）大力发展可再生能源，提高能源使用效率

汽车传动轴的温室气体排放主要是在使用阶段消耗大量汽油所致，因此在汽车设计时应尽可能地提高内燃机效率，并对整车进行轻量化设计，以降低汽车的行驶油耗，并且还可以逐渐发展可再生能源替代汽油，从而降低汽车传动轴使用阶段的环境影响。

2）改善钢材料废弃回收的工艺与设备，加快推进污染物更加高效环保地处理

钢材料的回收再利用属于高能耗、高污染的行业，同时会产生大量的废物，环境污染严重，各研究机构及企业必须持续加强新技术、新设备的研发，实现回收流程中投入物料的高效利用和对污染物的清洁化、绿色化处理，这将极大地改善钢材料回收行业的环境影响与从业人员的健康状况。

3）改善并建立符合我国国情的生命周期影响评价方法

目前主流的生命周期评价方法和软件都以欧美开发商为主，数据库及评价模型并不一定能完全反应我国各行业的实际环境影响情况。在生命周期评价领域，目前我国还没有形成统一的标准，加快建立符合我国国情的评价方法已势在必行。

习题

1. 何为生命周期评价(LCA)？其内涵和目标是什么？
2. 生命周期评价的步骤有哪些？请进行详细说明。
3. 简化的 LCA 方法是从哪几个方面进行简化的？
4. 常用的 LCA 软件有哪些？请简要介绍一下。
5. 生命周期评价是如何指导绿色设计的？请说说你的理解。

参考文献

[1] WANG H, AL-SAADI I, LU P, et al. Quantifying greenhouse gas emission of asphalt pavement preservation at construction and use stages using life-cycle assessment[J]. International Journal of Sustainable Transportation, 2020: 1-10.

[2] PROSKE M, FINKBEINER M. Obsolescence in LCA-methodological challenges and solution approaches[J]. The International Journal of Life Cycle Assessment, 2020, 25(3): 495-507.

[3] 马艳,李方义,王黎明,等. 基于多层级数据分配的机床生命周期环境影响评价[J]. 计算机集成制造系统,2021,27(3): 757-769.

[4] 郭焱,刘红超,郭彬. 产品生命周期评价关键问题研究评述[J]. 计算机集成制造系统,2014,20(5): 1141-1148.

[5] 杨建新,王如松. 生命周期评价的回顾与展望[J]. 环境工程学报,1998,6(2): 22-28.

[6] 胡静宜,杨檬. 国内外碳排放领域工作研究[J]. 信息技术与标准化,2011,1: 60-64.

[7] Greenhouse gases—Carbon footprint of products—Requirements and guidelines for quantification: ISO 14067: 2018[S]. International Organization for Standardization, 2018.

[8] Specification for the assessment of the life cycle greenhouse gas emissions of goods and services: PAS2050: 2008[S]. BritishStandards Institution, 2008.

[9] The ideal standard for carbon neutrality: PAS 2060: 2010[S]. British Standards Institution, 2010.

[10] 佚名. 三部委联合下发《关于开展工业产品生态设计的指导意见》[J]. 轻工标准与质量,2013(2): 2.

[11] Environmental management-Life cycle assessment-Principles and framework: ISO 14040: 1997[S]. International Organization for Standardization, 1997.

[12] FERRARI A M, VOLPI L, SETTEMBRE-BLUNDO D, et al. Dynamic life cycle assessment (LCA) integrating life cycle inventory (LCI) and enterprise resource planning (ERP) in an industry 4.0 environment[J]. Journal of Cleaner Production, 2021, 286: 125314.

[13] ZANGHELINI G M, CHERUBINI E, SOARES S R. How multi-criteria decision analysis (MCDA) is aiding life cycle assessment (LCA) in results interpretation[J].

Journal of Cleaner Production,2017,172: 609-622.

[14] MORALES M, REGULY N, KIRCHHEIM A P, et al. Uncertainties related to the replacement stage in LCA of buildings: a case study of a structural masonry clay hollow brick wall[J]. Journal of Cleaner Production,2020,251: 119649.

[15] MARKWARDT S, WELLENREUTHER F. Sensitivity analysis as a tool to extend the applicability of LCA findings[J]. International Journal of Life Cycle Assessment,2016,21(8): 1148-1158.

[16] CHANG Y S, KIM S,SON W L,et al. Evaluation of greenhouse gas emission for wooden house using simplified life cycle assessment tool[J]. Journal of the Korean Wood Science and Technology,2017,45(5): 650-660.

[17] KYLILI A, LLIC M,FOKAIDES P A. Whole-building Life Cycle Assessment (LCA) of a passive house of the sub-tropical climatic zone [J]. Resources, Conservation and Recycling,2017,116: 169-177.

[18] KAMALAKKANNAN S, KULATUNGA A K. Optimization of eco-design decisions using a parametric life cycle assessment[J]. Sustainable Production and Consumption,2021,27: 1297-1316.

[19] YAN J, BROESICKE O A, WANG D, et al. Parametric life cycle assessment for distributed combined cooling,heating and power integrated with solar energy and energy storage[J]. Journal of Cleaner Production,2020,250: 119483.

[20] NIERO M, FELICE F D,REN J,et al. How can a life cycle inventory parametric model streamline life cycle assessment in the wooden pallet sector? [J]. International Journal of Life Cycle Assessment,2014,19(4): 901-918.

[21] 王欣,李文强,李彦. 基于生命周期的机电产品碳足迹评价与实现方法[J]. 机械设计与制造,2016,303(5): 1-4.

[22] 徐兴硕,李方义,周丽蓉,等. 产品低碳设计研究现状与发展趋势[J]. 计算机集成制造系统,2016,22(7): 1609-1618.

[23] 刘琼,田有全,周迎冬. 产品制造过程碳足迹核算及其优化问题[J]. 中国机械工程,2015,26(17): 2336-2343.

[24] 张琦峰,方恺,徐明,等. 基于投入产出分析的碳足迹研究进展[J]. 自然资源学报,2018,33(4): 696-708.

[25] 王长波,张力小,庞明月. 生命周期评价方法研究综述——兼论混合生命周期评价的发展与应用[J]. 自然资源学报,2015,30(7): 1232-1242.

[26] HUNKELER D. LCA compendium-the complete world of life cycle assessment [J]. International Journal of Life Cycle Assessment,2020,25(6): 1168-1170.

[27] 戚梦佳,刘丽兰,马仁飞. 面向生命周期的产品低碳优化设计[J]. 制造业自动化,2018,40(11): 97-101.

[28] 鲍宏,刘光复,王吉凯. 采用碳足迹分析的产品低碳优化设计[J]. 计算机辅助设计与图形学学报,2013,25(2): 264-272.

[29] MARTA S. New products design decision making support by simapro software on the base of defective products management [J]. Procedia Computer Science, 2015, 65: 1066-1074.

[30] YANG X,HU M, WU J, et al. Building-information-modeling enabled life cycle

assessment,a case study on carbon footprint accounting for a residential building in China [J]. Journal of Cleaner Production,2018,183: 729-743.

[31] PAUDEL A M, KREUTZMANN P. Design and performance analysis of a hybrid solar tricycle for a sustainable local commute[J]. Renewable and Sustainable Energy Reviews, 2015,41: 473-482.

第5章

绿色设计知识支撑技术

基本概念

产品绿色设计：非常复杂的且涉及产品开发的各个阶段以及各种环境属性，是一个多学科、多领域相交叉的知识高度密集活动。

产品绿色设计知识：在对产品进行绿色设计活动时所依据的标准和规则。

绿色设计知识表达：在知识组织、知识更新以及知识共享的基础上，通过将结构化与非结构化的绿色设计知识以某种形式表达出来，以实现对知识的快速高效应用。目前常用的知识表示方法有本体论、领域本体论、语义网络、谓词逻辑、生产式规则和可拓学中的基元理论等。

绿色设计知识重用：知识重用是利用已有的知识创造新价值的过程，其涉及的技术包括知识获取（或者复制）和知识集成。绿色设计知识重用即借助于能够被重复利用的绿色设计知识解决新设计问题的过程，亦即利用已有绿色设计知识实现绿色设计状态转变的过程，其重点考虑的是如何组织、管理、重用设计知识。

绿色设计知识推送：知识推送被定义为一种网络环境下的知识服务方式，是在用户无需表明自身需求的情况下，由系统根据用户的历史需求记录、所处环境要求等，自发将已有的绿色设计知识在恰当的时候以恰当的形式展示给用户的过程。

5.1 绿色设计知识支撑技术简介

5.1.1 支撑技术

1. 绿色设计知识概述

产品设计知识与产品绿色设计知识的区别之处在于，产品设计知识是在产品开发过程中提出来的，是产品设计内容的抽象表示，而产品绿色设计知识是在对产品进行绿色设计过程中所产生的，是通过对产品全生命周期分析、概括与总结而出的设计内容，其将形成一种被广泛认可的标准和准则，并以此来支持产品的绿色设计。

两者相似之处在于作为前者的设计知识包括了经验知识和理论知识，具有隐、显性设计之分；同样的，作为后者的绿色设计知识也具有隐性和显性的区别，其中的隐性知识难以用语言形象地表述出来，但又确实存在，而且知识价值高，通常可以采取一些技术手段将其获取。就产品绿色设计知识的获取来说，可以采用数据挖掘技术将与产品绿色设计相关的知识从知识源中提取出来，按照一定的语义方式储存到绿色设计数据库和知识库中，这些知识包括产品的设计方法、原理及经验等。专家头脑中的知识主要是一些隐性知识，包含背景、概念、关系、经验等，这些隐性知识的获取相对于显性知识来说具有一定的困难，但可以通过将隐性知识进行显性化，使之转变成显性知识的方式来进行获取；也可以采用启发提问式方法，从总目标开始逐层扩展来获取相关的规则知识。

相对于产品传统设计而言，产品的绿色设计引入了环境因素，其产品绿色设计知识的获取方法相对要复杂一些。然而，产品绿色设计知识的获取过程更加注重的是对相关绿色设计实例中知识的提取，即从绿色设计实例中能更加快速有效地发现绿色知识，甚至发现设计的原理和方法等。

2. 支撑技术概述

在进行产品绿色设计过程中所产生的数据、经验和文档可以进一步通过知识发现、数据挖掘等技术手段来从中获取、产生新的知识。支撑技术将这些知识需求整理形成系统化的知识，以本体语言进行表达，并将逻辑关系所形成的资源组织用来指导设计人员利用知识需求进行知识的重用与推送。下面将简要介绍这几种辅助支撑技术。

1）产品绿色设计知识获取

采用数据挖掘技术将与产品绿色设计相关的知识从知识源中提取出来，按照一定的语义方式储存到绿色设计数据库和知识库中的过程[2]。

2）产品绿色设计知识表达

知识的表达是知识组织、知识更新以及知识共享的基础上，其与知识获取和知识处理一起被称为知识工程的 3 大支柱[3]。要实现对知识快速高效的应用，必须对结构化与非结构化的知识采用科学合理的形式表达出来。

3）绿色设计知识重用

绿色产品的设计过程就是一个知识积累并重用的循环过程，其中蕴含着大量珍贵的可重用知识，这些绿色知识在产品的不同开发阶段发挥着各式各样的重要作用，客户需求知识便是其中之一。一款新产品的开发，大部分情况下都是通过知识匹配的方式在已有产品的基础上进行继承改进的。绿色产品客户需求知识的重用就是将与绿色设计相关的客户需求知识储存到知识库和实例库中，继而对库中的知识进行重用以产生新知识的过程。

4）绿色设计知识推送

绿色设计知识推送需要在采用本体语言存储这些知识时对其需求进行分析和

提取,计算出设计任务与设计知识的相似度,并按照相似度大小依次排序,筛选出相似度值大于设定阈值的知识。设计人员的绿色设计知识需求主要来自所要完成的设计任务与设计人员本身所具有的知识背景。

5.1.2　实施流程

通过将知识与绿色设计相结合,把设计者的设计经验、技能提炼出来,并将与绿色性能相关的设计知识运用到产品的绿色设计中,可以有效地缩短绿色产品的开发周期,提高其设计效率。知识驱动绿色设计实施流程图如图5.1所示,其具体实施流程如下:

(1) 分析产品绿色设计知识的概念及其特点,基于产品绿色设计过程,建立产品的绿色设计知识需求模型,将绿色设计知识用本体语言进行分类表达,建立统一的产品绿色设计知识表达模型,构建绿色设计知识库。

(2) 建立产品绿色设计知识的需求模型,利用语义相似度算法对绿色设计知识的需求模型进行检索,得到满足相似度要求的绿色设计知识,将这些知识存入绿色设计知识库中,以备下次设计者检索类似设计知识时进行重用。

(3) 依据设计人员的个性化需求,系统在设计过程各阶段中将绿色设计知识实时主动地推送给设计人员,并根据设计人员对推送知识应用的反馈对知识进行更新。

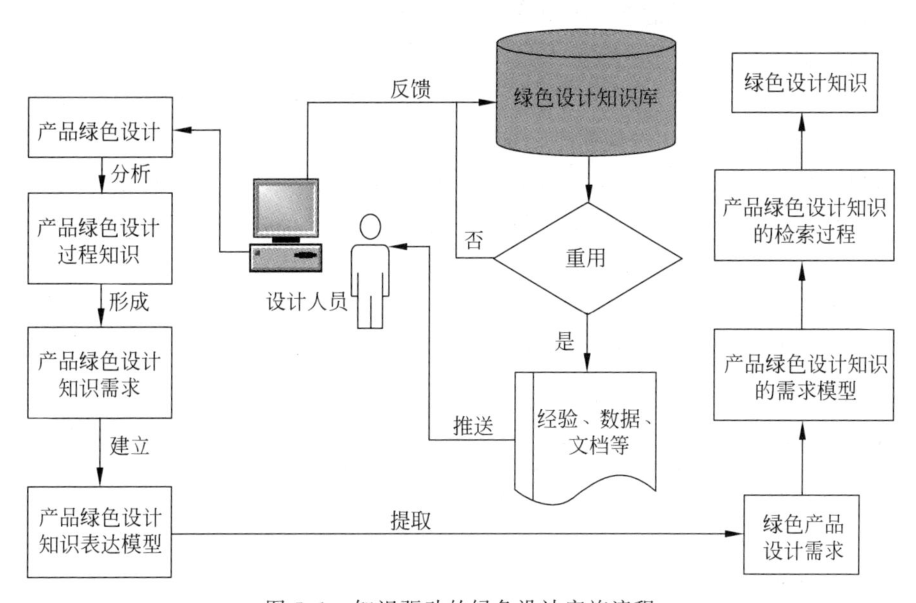

图5.1　知识驱动的绿色设计实施流程

5.2 关键技术

5.2.1 绿色设计知识的表达

1. 绿色设计知识的内涵

绿色设计知识

知识的定义是什么？迄今为止，其并没有一个标准的定义，其内涵随着使用者所在的领域而各有不同。1992 年 Turban 将知识定义为用于解决问题或者决策的、经过整理的、易于理解和结构化的信息[5]；1998 年 Davenport 和 Pursak 将知识定义为一种流动性质的综合体，其中包含了结构化的经验、价值以及经过文字化处理的信息[6]。综合借鉴上述知识和绿色设计的概念，可以将绿色设计知识定义为产品全生命周期各阶段包含的各种形式的数据、文档、经验、过程、模型等的集合，其将涉及产品的立项论证（获得需求、需求分析）、方案分析（方案设计、可行性分析、初步设计）、产品设计（详细设计、仿真分析、试制、设计定型）、生产制造（生产定性、批量生产）、使用维护（投入使用、维护与再制造），一直到产品报废阶段的全生命周期[7]。

绿色设计知识包括绿色设计领域知识、绿色设计过程知识以及绿色设计结果知识[8]3 类。

绿色设计领域知识指能从公开渠道获得的、为行业中所有组织所共有的、原理性的、通用程度高的、方法论层次上的设计知识，它一般以行业标准、文献专著、学术期刊等文档形式存在。绿色设计技术的不断发展使绿色设计领域的外延不断扩大，这体现了绿色设计知识离散性、动态性的特点。

绿色设计过程知识是指解答绿色产品如何设计以及为什么这样设计的知识，由于绿色设计需考虑产品系统的环境影响，因此绿色产品在结构、功能等方面与传统产品存在差异，绿色设计过程知识便是对这种差异的解释和说明。

绿色设计结果知识是关于绿色产品本身的知识，其包括产品模型、需求分析结果等，它一般是编码化的知识，往往隐含于绿色产品模型中，体现了绿色设计知识的隐蔽性特点。产品绿色设计知识的具体内容形式如表 5.1 所示。

表 5.1 产品绿色设计知识内容

绿色设计领域知识	绿色设计过程知识	绿色设计结果知识
结构原理	绿色材料选择知识	产品模型
组织原理	绿色制造过程知识	设计图纸
绿色设计方法	可回收性设计知识	绿色设计经验
绿色设计规范	易拆卸性设计知识	仿真分析
绿色材料知识	绿色包装设计知识	试验与检测数据
绿色制造知识	绿色物流设计知识	产品规格

续表

绿色设计领域知识	绿色设计过程知识	绿色设计结果知识
技术信息	绿色服务设计知识 绿色回收利用设计知识等	市场信息 客户需求

2. 绿色设计知识的表达流程

1）产品绿色设计知识的抽象成类

产品绿色设计知识可以被抽象分解成若干基本类，当然这些基本类要包含产品绿色设计所有的知识。其还可以再被抽象形成多个知识子类，如果需要，还可以在子类的基础上再将其抽象为子类的子类，然后根据情况将之具体化为对象。在对象类确定后，可以采用树形结构来对这些类进行管理，从而达到明确类与类以及类与对象之间层次关系的目的。在对象类的树形结构中，每一个节点都表示一个类，可用 *ID* 标识，同一父类下的子类应按顺序标出其子 *ID*，如图 5.2 所示。但要注意在归类时不仅要把产品绿色知识体系概括完整，还要使对象类的层次越少越好。

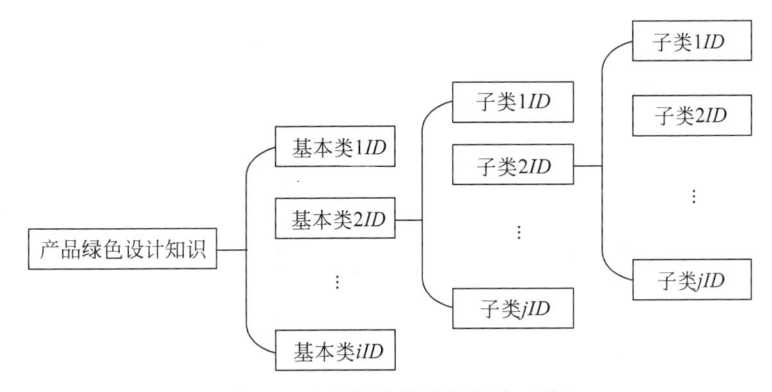

图 5.2 产品绿色设计知识表达类

2）表示各知识类之间的关系

在产品绿色设计过程中，往往要用到多方面的知识，因此知识之间的连通显得尤为重要。产品绿色设计工作是一个系统工程，其所用到的知识之间的影响也是错综复杂的，这些知识关系的表现形式有一对一的关系、一对多的关系和多对一的关系等。

3）按照对象的形式定义来完成对象类描述

每个绿色设计知识类都由 n 元组构成，用对象的标识符 *ID* 表示对象的类名，可以使其区别于其他知识类；对象的数据结构实际上就是描述当前知识的属性，其常用二元组表示，包括属性名和属性值。

3. 绿色设计知识的表达方法

为了在后续的工作中实现对知识的快速高效应用，必须以某种形式表达结构化与非结构化的知识。绿色设计知识的表达方法主要有基于物元理论的绿色设计知识表达、基于可拓物元理论的绿色设计知识表达及基于本体理论的绿色设计知识表达等，这里主要介绍基于本体理论的绿色设计知识表达方法[11]。

本体论的概念

基于本体理论，结合产品绿色设计的特点[12]，可以将绿色设计知识 GK 分为产品基本设计信息知识 KB、产品环境属性知识 KE、产品基本原理知识 KP 和绿色设计实例知识 KI 等 4 大类，即

$$GK=\{KB,KE,KP,KI\}$$

一般地讲，产品基本设计信息知识 KB 可以用 5 元组表示如下：

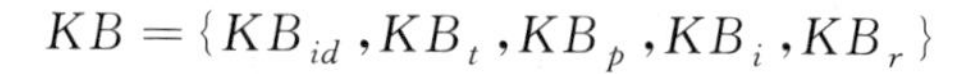

$$KB=\{KB_{id},KB_t,KB_p,KB_i,KB_r\}$$

可拓物元理论的概念

式中，KB_{id} 为基本设计知识标签；KB_t 为基本设计知识的类型，主要是指知识的本身属性，可以被分为定义、技术要求、标准规范、案例、历史经验等；KB_p 为知识在设计过程所处的阶段；KB_i 为知识的等级，应根据知识的重要度来衡量，所谓知识重要度与其被检索的次数有关，知识被检索的次数越多，说明其重要度越大，其计算公式如式(5.1)所示；KB_r 为基本设计知识的备注信息，主要包括一些关键字，或者知识的详细描述等。

$$KB_i=N_i/N \tag{5.1}$$

式中，N_i 为某知识被检索的次数；N 为知识库检索总次数。

产品环境属性知识 KE 用 5 元组表示如下：

$$KE=(KE_{id},KE_t,KE_s,KE_c,KE_i) \tag{5.2}$$

式中，KE_{id} 为环境属性知识的标签；KE_t 为环境属性知识的类型；KE_s 为产品结构轻量化知识；KE_c 为产品的可拆卸性设计知识；KE_i 为能耗信息，根据产品全生命周期的耗电量来衡量。

产品基本原理知识 KP 可以用 4 元组表示如下：

$$KP=(KP_{id},KP_t,KP_P,KP_r) \tag{5.3}$$

式中，KP_{id} 为基本原理知识的标签；KP_t 为原理知识的类型，主要是指知识的本身属性，可以被分为定义、技术要求、标准规范、案例、历史经验等；KP_p 为知识在设计过程中所应用的范围；KP_r 为原理知识的备注信息，主要包括一些关键字，或者知识的详细描述等。

绿色设计实例知识 KI 可以用下面 4 元组表示：

$$KI=(KI_{id},KI_t,KI_p,KI_r) \tag{5.4}$$

式中，KI_{id} 为绿色设计实例知识的标签；KI_t 为绿色设计实例知识的类型；KI_p 为知识所描述的对象；KI_r 为绿色设计实例知识的备注信息，主要是知识的详细描述等。

5.2.2 绿色设计知识的重用

1. 绿色设计知识重用的概念

新产品开发中往往存在大量的重复劳动，这些重复劳动一方面来自标准件和外购件、通用件和相似件等的重复开发，另一方面则来自产品概念设计、详细设计、工艺设计及围绕该产品的各种工作的重复。在一项新产品的开发过程中，其可能会有约40%的结构是重用过去的设计，约40%是在已有机构的基础上稍作改动，而只有约20%是新的设计[13]。所以在新产品的开发过程中应该尽量利用企业已有的设计资源，以减少开发工作中的重复劳动。知识重用的研究是在20世纪50年代随着机械产品零部件分类系统的建立而逐步发展起来的。绿色设计知识的重用是指借助于能够被重复利用的绿色设计知识解决新设计问题的过程，即利用已有绿色设计知识实现绿色设计状态转变的过程，其重点考虑如何组织、管理、重用设计知识。现阶段设计师在绿色设计时充分利用不同行业、企业的信息和资源仍然是有相当难度的，需具备丰富的经验和广博的知识。但是通过共享不同行业、企业的可重用集成设计知识单元库，设计师不但能弥补绿色设计知识的不足，还能扩展思维领域、激发创新性，这都将极大地提高设计师的个人能力。因此重用绿色设计知识可以方便设计人员的搜索和查询，提高设计效率。

通过对绿色设计知识的重用，一方面，产品的开发不再采用一切“从零开始”的模式，而是以已有的工作为基础，将开发的重点集中于产品的特殊零部件中，消除了重复劳动，也避免了重新开发可能引入的错误。另一方面，在产品整个生命周期中能够充分利用过去产品开发中积累的知识、经验和资源，包括计算机辅助设计、生产工艺、加工设备、管理模式等，能够对设计开发工作进行有效支持，从而提高产品绿色设计开发的效率和产品的质量，降低产品的成本，同时也提高了企业的市场竞争力。

2. 绿色设计知识重用的流程

产品绿色设计知识的重用是在产品绿色设计知识检索的结果中，选择满足相似度要求的设计知识实例进行分析，得到产品绿色设计知识的重用备选集，然后对其进行综合分析、决策以及修改，找出最佳绿色设计知识的过程，其流程如图5.3所示。

1）绿色设计知识的聚类

随着绿色设计知识实例的不断丰富，存储绿色设计知识的知识库将始终处于动态增加的状态，绿色设计知识的搜索也会面临范围不断动态增加的问题。为了缩小搜索范围及提高检索效率，可根据绿色设计知识实例之间的常规属性特征与绿色属性特征采用聚类分析方法去度量其相似程度，并根据其相似程度进行分类处理。聚类分析方法能使每一类中的对象之间尽可能地靠近，而使类与类之间的对象离得尽可能地远，很适合用于处理大量数据的分类问题。

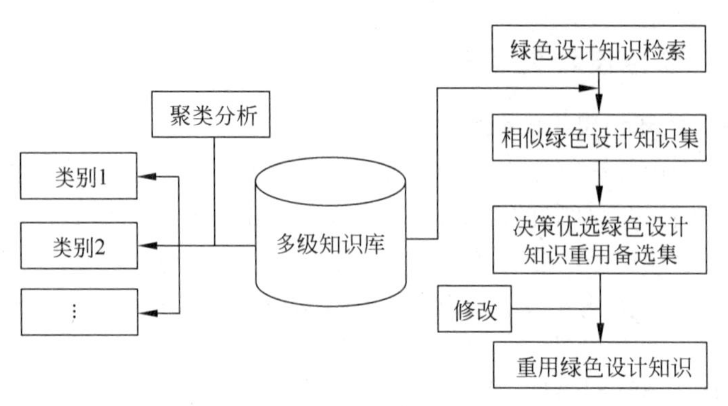

图 5.3 产品绿色设计知识重用的流程

2）绿色设计知识的检索

在前述基于聚类分析的绿色设计知识分类的基础上，可以计算需求知识的各特征与各聚类中心的相似程度，找到与其最相似的绿色设计知识实例所在的类别。根据各特征的相似程度在所在实例类别中进行匹配，便能够找到相似度高于设定值的绿色设计知识。

3）绿色设计知识重用备选集的决策优化

在产品绿色设计的知识重用过程中，会检索到多个高于相似度设定值的绿色设计知识实例。对绿色设计知识重用备选集进行决策优化的目的就是通过决策优化方法在该重用备选集中找到一个绿色属性综合表现最佳的绿色设计知识实例。由于产品的绿色属性指标具有复杂性和权重的不确定性，同时绿色设计知识重用备选集的决策优化又是一个涉及多学科领域的决策过程，所以来自不同学科领域的专家参与决策的过程必然存在各自对知识实例的主观偏好，故需要考虑各专家对知识实例的偏好信息，采用合适的、不确定多属性的效用决策方法来进行绿色设计知识重用实例的优选。

绿色设计知识重用方法

3. 绿色设计知识重用方法

1）基于 K 均值聚类的绿色设计知识实例分类

K 均值聚类法是一种应用较为广泛的聚类分析方法，该方法将使每一类中的对象之间尽可能地靠近，类与类之间的对象离得尽可能地远，很适合大量数据分类问题的处理。基于 K 均值聚类的绿色设计知识单元实例分类方法包括如下步骤：

（1）对指标数据进行规范化处理。由于绿色设计知识实例的特征繁多，并被分为定量特征和定性特征。定性指标的量化可采用 1～5 个等级标度，1 表示该指标表现最差，5 表示该指标表现最优。按指标的正负相关性划分，特征类型又可被分为效益型和成本型，为了消除不同物理量纲和数量级对聚类分析结果的影响，需要对指标进行规范化处理，公式为

$$v_i'=\begin{cases}\dfrac{v_i}{\max(v_i)} & i\in \mathrm{N},\quad 特征类型为效益型,\\[2ex] \dfrac{\min(v_i)}{v_i} & i\in \mathrm{N},\quad 特征类型为成本型。\end{cases}\tag{5.5}$$

式中，v_i 为某绿色设计知识单元的特征；v_i' 为某绿色设计知识单元的规范化特征。

（2）定义距离。距离是将每个样品看成是 m 个变量对应 m 维空间中的一个点，在该空间中所定义的距离越近，则其亲密程度越高[14]。此外可以采用欧氏距离来衡量同级绿色设计知识单元实例之间的相似程度。

（3）K 均值聚类。采用 K 均值聚类算法，应首先随机选取 K 个初始聚类中心，将各绿色设计知识单元实例归到与其最近的聚类中心所在的类，然后再对形成的聚类计算新的聚类中心，并对各绿色设计单元实例进行重新归类，反复迭代直至找到一组聚类中心可以使聚类优化函数收敛为止。

2）绿色设计知识单元实例的检索[15]

语义相似度

语义相似度[16]是指概念之间的语义相似程度，其包括名称相似度、属性相似度和实例相似度等，分别表述如下：

（1）名称相似度：名称之间字符串的相似程度，即待查询关键词和绿色设计知识名称之间相似度的大小，其计算公式可被表示为

$$\mathrm{sim}_n(a,b)=\max\left(0,1-\frac{\mathrm{N}(a,b)}{\min(|a|,|b|)}\right)\tag{5.6}$$

式中，a,b 分别表示待查询字符串和绿色设计知识名称字符串；$\mathrm{N}(a,b)$ 表示 a,b 中不同字符的个数；$|a|,|b|$ 分别表示要比较的字符串和绿色设计知识名称字符串的个数。

（2）属性相似度：按照属性类型的不同可将绿色设计知识属性的相似度分为 3 种，即字符型属性相似度、区间型属性相似度以及数值型属性相似度等，其分别表述如下。

字符型属性相似度：用户查询知识 Q 可表示为 $Q=\{Q_1,Q_2,\cdots,Q_m\}$，第 j 个用户查询绿色设计知识有 n 个属性或参数，记为 $Q_j=\{q_j^1,q_j^2,\cdots,q_j^n\}$；第 j 个绿色设计知识有 k 个属性，记为 $D_j=\{d_j^1,d_j^2,\cdots,d_j^n\}$。由此得出字符型属性相似度的计算公式为

$$\mathrm{sim}_p(q_j^i,d_j^i)=\begin{cases}1, & 与\ d_j^i\ 为同义词,\\ 0, & q_j^i\ 与\ d_j^i\ 完全不同义,\\ 1-\dfrac{|\mathrm{num}(q_j^i)-\mathrm{num}(d_j^i)|}{N}, & 其他情况\end{cases}\tag{5.7}$$

$$\mathrm{sim}_p(Q_j,D_j)=\frac{p}{k+n-p}\sum_{j=1}^{p}(w_j\,\mathrm{sim}_p(q_j^i,d_j^i))\tag{5.8}$$

当用户查询的知识 q_j^i 与绿色设计知识 d_j^i 具有一定的语义相似度时，可将这

些语义属性值按顺序进行编号。式(5.7)中,$\mathrm{num}(q_j^i)$表示用户查询知识 q_j^i 的序号;$\mathrm{num}(d_j^i)$表示绿色设计知识 d_j^i 的序号;N 是所有属性值的个数。式(5.8)中,P 为 Q_j 和 D_j 共同的属性数量;w_j 表示第 j 个用户查询知识的权重,且 $\sum_{i=1}^{n} w_j = 1$,其可通过层次分析法予以确定;$\mathrm{sim}_p(q_j^i, d_j^i)$为用户查询知识与绿色设计知识中第 i 个属性之间的相似性,且$\mathrm{sim}_p(q_j^i, d_j^i) \in [0,1]$。

区间型属性相似度:假设第 j 个用户查询知识 Q_j 的属性为区间型属性,取值区间为$[q_{j1}, q_{j2}]$,绿色设计知识实例 D_j 的量值为 d_j,则两者对应的区间型属性相似度计算公式可表示为

$$
\mathrm{sim}_p(Q_j, D_j) = 1 - \frac{\int_{q_{j1}}^{q_{j2}} |x - d_j| \, \mathrm{d}x}{(q_{j2} - q_{j2})k_j}
$$

$$
= \begin{cases} 1 - \dfrac{(q_{j1} - q_{j2}) - 2d_j}{2k_j}, & d_j \leqslant q_{j1}, \\ 1 - \dfrac{(q_{j2} - d_j)^2 + (q_{j1} - d_j)^2}{2k_j(q_{j2} - q_{j1})}, & q_{j1} \leqslant d_j \leqslant q_{j2}, \\ 1 - \dfrac{2d_j - (q_{j1} + q_{j2})}{2k_j}, & d_j \geqslant q_{j2} \end{cases} \tag{5.9}
$$

式中,k_j 为绿色设计知识属性值的取值范围。

数值型属性相似度:当绿色设计知识属性为数值型时,两者间的相似程度计算公式为

$$
\mathrm{sim}_p(x, y) = \begin{cases} 1, & x = y \\ 1 - \dfrac{|x - y|}{\max(x, y)}, & x \neq y \end{cases} \tag{5.10}
$$

式中,x、y 表示两者同一属性各自的两个值,$\max(x,y)$表示属性值中的最大值。

(3) 实例相似度:查询知识与绿色设计知识之间的实例相似程度过程计算公式为

$$
\mathrm{sim}_c(a, b) = \frac{p(a \cap b)}{p(a \cup b)} = \frac{p(a, b)}{p(\bar{a}, b) + p(a, \bar{b}) + p(a, b)} \tag{5.11}
$$

式中,a 表示查询知识;b 表示绿色设计知识;$\mathrm{sim}_c(a,b)$表示 a,b 之间的实例相似度。若取值为 0,则表示 a,b 无关;取值为 1,则表示 a 与 b 语义相同;取值在[0,1]之间,则结果如上式所示。$p(a \cap b)$表示既属于 a 又属于 b 的实例个数在绿色设计知识实例库中所占的比重;$(a, \bar{b})$表示属于 a 但不属于 b 的实例个数在绿色设计知识实例库中所占的比重;$p(a \cap b)$表示不属于 a 但属于 b 的实例个数在绿色设计知识实例库中所占的比重。

(4) 语义相似度:查询知识与绿色设计知识之间的名称、属性及实例相似度的

综合值。

$$\mathrm{sim}(a,b)=w_1\mathrm{sim}_n(a,b)+w_2\mathrm{sim}_p(a,b)+w_3\mathrm{sim}_c(a,b) \tag{5.12}$$

式中，w_i 为对应各项相似度的权重，$i=1,2,3,4$，$w_1+w_2+w_3=1$，权重具体取值由领域专家按照实际情况而定。

5.2.3 绿色设计知识的推送

1. 绿色设计知识推送的概念

知识推送(knowledge pushing，KP)就是依据用户需求使用推送技术将合适的知识及时、主动地传递给用户，实现将最恰当的知识在最恰当的时间传递给最恰当的人以便使之做出最恰当的决策[17]。简单地说，绿色设计知识的推送就是在用户无需表明自身需求的情况下，根据用户的历史需求记录、所处环境要求等，由系统自发地将已有的绿色设计知识在恰当的时候以恰当的形式展示给用户的过程。

绿色设计活动都需要大量的绿色设计知识供设计人员参考借鉴，以促使设计人员能够更加高效地对现有设计任务进行分析和规划，同时绿色设计知识的重用在一定程度上还能显著缩短产品的绿色设计周期、降低企业成本和避免重复已发现的错误。在早期绿色设计过程中，设计人员往往需要花费大量的时间来选取并阅读对自己当前设计任务有帮助的绿色设计知识，这项流程不仅工作量大且效率低下，还常常令设计人员难以找到符合自己需求的绿色设计知识。因此，在海量的绿色设计知识中精准地挖掘出所需的知识，并在设计过程各阶段中及时有序地向设计人员推送，对于实现产品的绿色高效快捷设计具有重要的意义。

绿色设计知识的推送需要依据设计人员的个性化需求，将绿色设计知识实时主动地推送给他们，以有效解决知识超载、迷航等问题，从而激发设计者的创造力。绿色设计知识推送过程具体可分为两大类：基于用户的个性化绿色设计知识推荐与基于事件和场景的绿色设计知识主动推送。绿色设计知识的个性化推送以设计人员的知识需求为驱动提供合适的知识资源。绿色设计知识的推送以工作流驱动，解决了现有系统不能适时主动将绿色设计知识推送给设计人员的问题，实现了产品绿色设计知识的精准推送。

2. 绿色设计知识推送的流程

首先，基于设计人员的基础信息，推送系统需要建立设计师的知识背景模型。随后，由工作流引擎给设计人员分配相应的设计子任务，并在系统后台对任务的过程进行记录。最后，当相应设计阶段有知识需求时，系统即刻被激活，并向设计人员进行知识的推送。具体步骤如图5.4所示。

步骤一：项目主管根据客户要求拟定设计总任务，再由系统根据设计总任务特点将其分解为若干子任务，并进一步从设计子任务中提取出相应的设计意图。

步骤二：系统通过对设计人员基本信息的分析，建立设计人员模型。通过设计人员知识和能力水平模型匹配相应设计意图的设计任务。

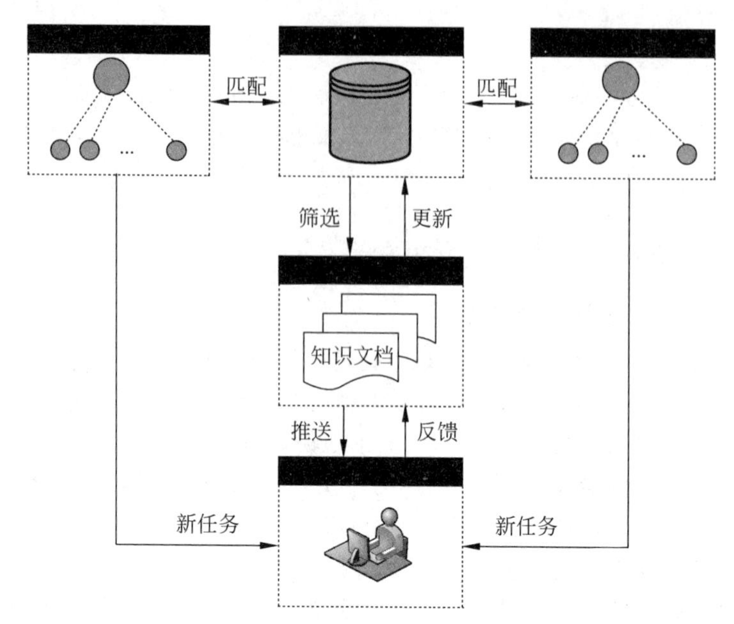

图 5.4　绿色设计知识的推送流程

步骤三：对设计人员的绿色设计知识需求与知识库中相应知识进行相似度匹配，并对知识进行筛选，按照相似度大小排序，向设计人员推送相对靠前的大于设定阈值的绿色设计知识。

步骤四：设计人员的隐性行为往往是难以捉摸的，但是其显性行为更容易表现出其满意度。因此，要想了解系统推送内容的精确性，就必然涉及设计人员对推送结果的反馈。当设计人员对推送的知识进行反馈时，系统会记录下来；而当设计人员不评价或拒绝进行评价时，则系统可通过记录用户单击和浏览查阅知识的停留时间长短或其他操作（如删除知识）来判断推送的质量。因此，对于用户的知识推送质量反馈的收集是检验推送效果的关键。

3. 绿色设计知识推送的方法

设计人员是产品设计的主体，对设计人员的绿色设计知识的推送首先就必然对设计人员的绿色设计知识需求进行分析和提取，然后再通过基于空间向量模型的余弦相似度算法来计算设计任务中的绿色设计知识需求与数据库设计知识的相似度，并按照相似度大小依次排序，筛选出排行靠前的、相似度值大于设定阈值的知识。设计人员的绿色设计知识需求主要来自于所要完成的设计任务与设计人员本身所具有的知识背景这两部分，且设计人员的绿色设计知识需求（green knowledge demand，GKD）可表示为 GTD＝(KT，KP)，其中，KT 表示从设计任务中提取的知识需求；KP 则表示设计人员自身的知识需求[18]。

1）设计任务中绿色设计知识需求的获取

设计任务负责人依据设计任务的特点并结合设计人员的知识背景，将设计任务分解，并将分解后的子任务通过系统的工作流引擎匹配给相应的设计人员[19]。

设计任务集可以被表示为 $K_T=(T_1,T_2,\cdots,T_n)$；设计子任务为 $T_i=(T_{i1},T_{i2},T_{i3})$；$T_{i1}$ 为设计子任务的设计名称；T_{i2} 为设计子任务的设计类型，其包括计算类型、分析类型、评价/评估类型等；T_{i3} 表示备注信息，主要用于解释子任务的内容。

任务需求反映了产品生产厂商根据自身特点并结合客户需求来总结的综合需求，其可分为性能需求、环境需求和功能需求 3 类。其中，性能需求主要包含客户对产品的经济实用性，外观设计以及对产品的新颖性等方面的要求，例如在保证产品外观新颖的情况下更加经济即属于性能需求；环境需求是指在产品满足功能需求和性能需求的条件下降低其对环境的影响，以满足绿色的产品要求，如客户为响应环保理念倾向于环保智能的新型材料所制造的产品即属于环境需求；功能需求主要包括产品本身所具备的基本功能，还包括一些厂商根据产品调研所增加的辅助功能。

2）获取设计人员的绿色设计知识需求

由于知识推送的对象是设计师，因此系统需要对设计师建立个人能力评价模型，以便其自身能够更加精确的推送。设计人员的个人能力评价模型与知识的表达模型有关，体现了设计人员对某个知识的需求度[20]。相比传统产品设计，在绿色产品设计过程中设计人员对绿色知识的需求会更加强烈，故应通过构建设计人员模型来准确感知这些设计人员的绿色设计知识需求。

设计人员模型(designer model，DM)主要涵盖以下 3 个方面：设计人员基本情况(designer basic，DB)、设计人员的知识(designer knowledge，DK)和设计人员能力水平(designer ability，DA)，可以将之描述为 3 元组

$$\mathrm{DM}=\{\mathrm{DB},\mathrm{DK},\mathrm{DA}\}$$

其中，设计人员基本情况 DB 主要指设计人员的 ID、姓名、性别和年龄等基本情况，这些都可以在设计人员初次注册知识服务系统时获取，即

$$DB=\{\mathrm{id},\mathrm{name},\mathrm{age},\mathrm{working\ years},\mathrm{job\ positions}\}$$

设计人员知识 DK 主要从设计人员的知识背景(knowledge background，KB)、知识领域(knowledge areas，KA)以及知识经验(knowledge experience，KE)等 3 个方面来量化，如下所示。

$$\mathrm{DK}=\{\mathrm{KB},\mathrm{KA},\mathrm{KE}\}$$

设计人员能力水平 DA 指设计人员执行任务的能力，其主要用来衡量设计人员接到某一设计任务后运用知识的能力。DA 与设计人员对知识的熟悉度 ∇_k [21] 和以往任务完成质量 TQ 两个因素有关，如下所示。

$$\mathrm{DA}=\{\nabla_k,\mathrm{TQ}\}$$

3）基于空间向量模型算法的绿色设计知识推送

在设计任务之初，项目主管将总体设计任务 T 输入系统，由系统将目标分解为一系列子任务并提取出相应的设计需求，再根据项目组的设计人员能力水平和知识背景进行分配，完成任务与设计人员的匹配。

余弦相似度算法

设计人员匹配到设计任务以后，系统会根据特定的任务通过设计流程引导其进行相应设计。系统根据向量空间模型算法将设计任务与知识条目进行向量化，并根据余弦相似度算法算出两者之间的相似度，再通过相似度大小对知识条目进

行相关优先度排序，推送大于相似度阈值的前几条知识。当设计人员接到推送知识后，会通过单击知识的标签来评价知识的有效性，从而促使系统更加精确的推送。

5.2.4 关键技术应用

当今，随着人们对智能联网汽车以及产品绿色环保功能化的需求不断扩大，汽车行业迫切地需要在产品中应用环保轻量化设计。下文将以某汽车品牌前端模块(front end module，FEM)的绿色设计过程为例，基于 Pro/E 平台构建绿色设计知识主动推送原型系统，以此来验证上文所提出的知识推送机制。

1. 汽车前端模块的绿色设计知识表达

近年来，随着汽车行业智能化、模块化的飞速发展，汽车前端模块已经是集成度较高的部件，也是汽车模块化的核心零部件之一。前端模块主要由多个零部件组成，包括前照明系统、散热器和冷却风扇、发动机进气中冷系统、空调冷凝器、散热器框架总成、引擎盖锁闭系统等。以前端模块中的散热器框架总成为例，其结构如图 5.5 所示，其中包括散热器上横梁总成①、散热器上横梁左/右托架总成②③、左/右前大灯支架总成④⑤、散热器下横梁总成⑥以及散热器横梁左/右上立柱⑦⑧等。

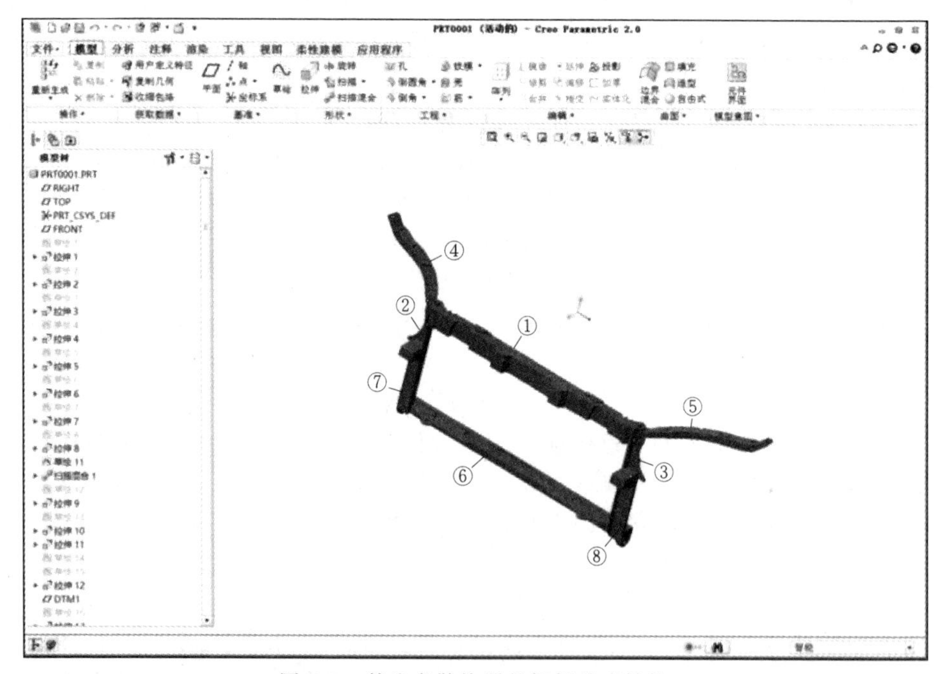

图 5.5 某汽车散热器的框架总成结构

根据产品绿色设计知识本体表达的特点，可以建立汽车散热器框架集成的绿色设计知识表达模型，如图 5.6 所示。以此可列出相应的散热器框架总成部分绿色设计知识，如表 5.2 所示。

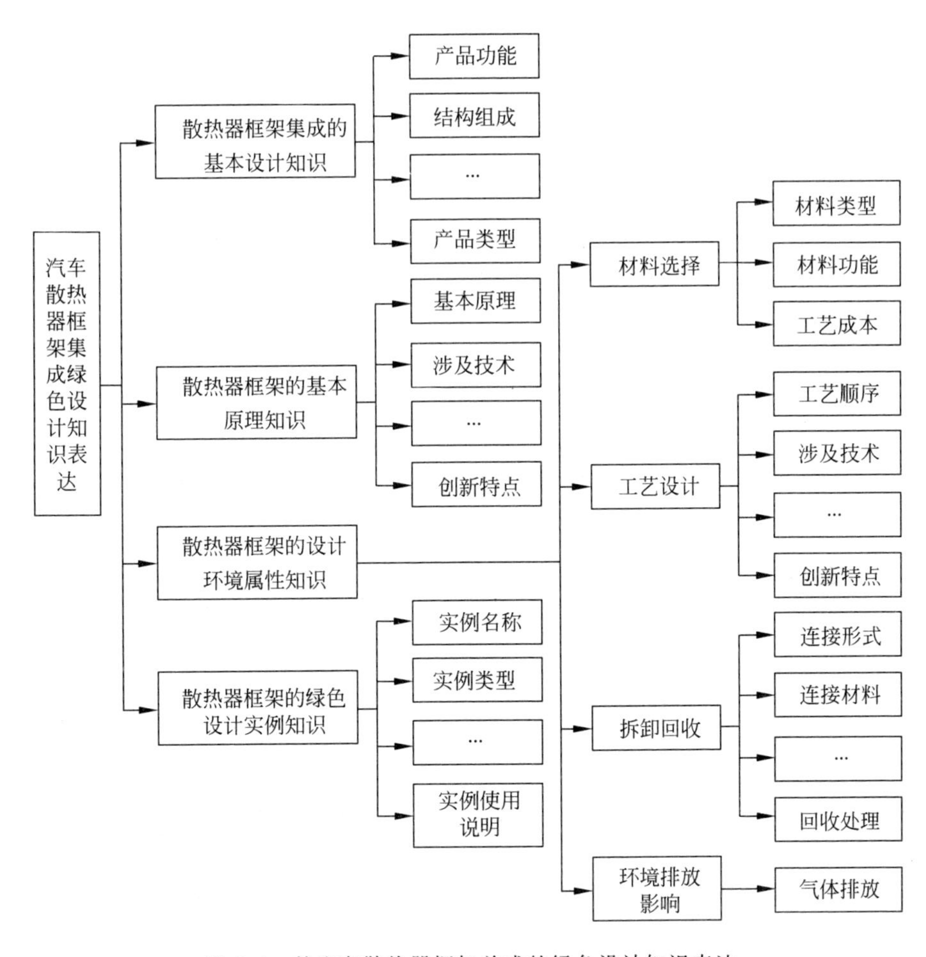

图 5.6　某汽车散热器框架总成的绿色设计知识表达

表 5.2　某汽车散热器框架总成部分绿色设计知识

编号	散热器横梁总成部分绿色设计知识				
	基本设计知识	原理知识	环境属性知识	设计实例知识	设计任务
01	结构设计-焊接	焊接原理	废气废渣排放及耗能	SPC 冷板焊接	减轻能耗
02	材料选择准则	材料特性分析	低碳排放新型材料	新型冷轧钢板	轻量化设计
03	工艺设计-金属件	冲压原理	废气废渣排放及耗能	冷轧钢板冲压	工艺优化
04	强度校核-金属	有限元分析	高强度新型材料	有限元模型-应力分析	耐用性-延长寿命

续表

编号	散热器横梁总成部分绿色设计知识				
	基本设计知识	原理知识	环境属性知识	设计实例知识	设计任务
05	生命周期评估	生命周期理论/标准/准则	CML 2001/环境排放指标分析方法	汽车散热器横梁总成的生命周期分析	低碳设计
06	结构设计-连接方式	连接原理	拆卸性能-易拆卸	3D 建模-螺栓联接/卡扣型联接	易拆卸设计

为简化计算,汽车散热器框架总成部分绿色设计知识的描述样本如表 5.3 所示。

表 5.3　汽车散热器框架总成部分绿色设计知识描述样本

知识编号	名　称	核　心　词	备　注
K01	散热器框架总成绿色设计规范	散热器框架、绿色设计、规范	企业内部关于散热器框架绿色设计的规范
K02	散热器框架绿色设计流程指导	散热器框架、绿色设计、流程	散热器框架绿色设计的流程介绍
K03	生态设计产品标识	生态设计、产品、标识	关于生态设计产品的标识的标准
K04	生态设计产品评价通则	生态设计、产品、评价、通则	生态设计产品评价规则
K05	一种散热器框架选材分析	散热器框架、选材、分析	一种关于散热器框架的材料选择的专利
K06	绿色设计产品评价技术规范	绿色设计、产品、评价、技术规范	关于绿色设计产品评价的规范
K07	ISO 14040/44 生命周期评价标准	ISO 14040/44、生命周期、评价、标准	ISO 14040/44 标准简介
K08	散热器框架焊接操作手册	散热器框架、焊接、操作手册	散热器框架焊接工艺指南
K09	散热器框架选材标准	散热器框架、选材、标准	企业关于散热器框架选材选型和相应标准
K10	一种散热器框架环境影响分析	散热器框架、环境影响、分析	环境影响分析报告
K11	机械零件加工工艺手册	机械零件、加工、工艺手册	零件加工工艺简介
K12	机械材料力学	机械、材料力学	机械各种材料强度计算

2. 面向设计人员的绿色设计知识推送过程

1）绿色设计知识推送原型系统

绿色设计知识主动推送系统(green design knowledge active push system，GKAPS)是在Pro/E软件平台下、基于绿色设计理论与Pro/E二次开发技术设计的、适用于汽车零件绿色设计的、知识主动推荐原型系统。其开发环境是在Windows 10操作系统环境下，以Visual Studio 2010结合Pro/toolkit为开发平台、Pro/E作为图形处理平台、SQL Server 2008作为数据处理平台。知识推送系统开发的主要步骤：通过Visual Studio 2010设置并编写用户自定义菜单和系统UI对话框；基于MFC框架下使用VC++语言编程并生成DLL文件；编写.dat格式的程序注册文件；注册完成DLL文件后，通过Pro/E软件的辅助应用程序接口读取DLL文件与资源文件，激活绿色设计知识主动推荐系统。绿色设计知识主动推送系统的结构如图5.7所示。

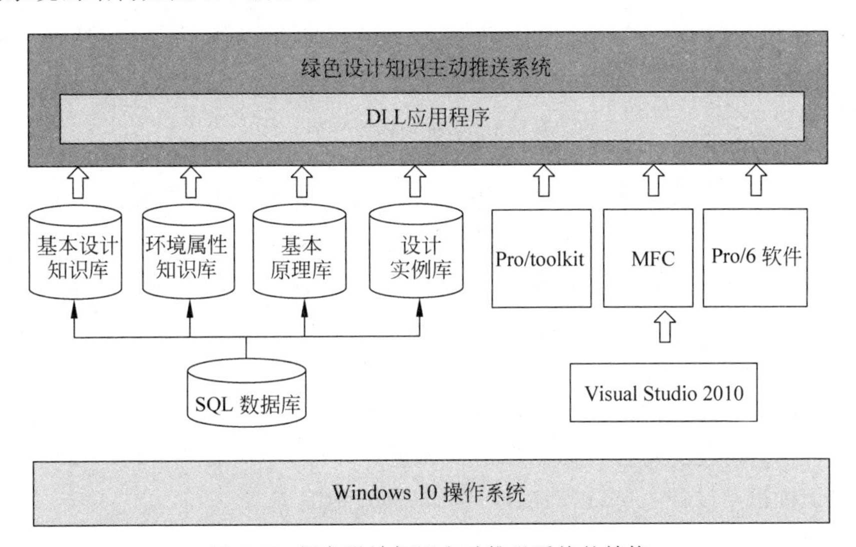

图5.7　绿色设计知识主动推送系统的结构

2）系统知识库简述

对于系统文档信息管理模块，可分别将绿色设计知识分类存贮在产品基本设计信息知识库、产品环境属性知识库、产品基本原理知识库和绿色设计实例知识库4大部分中。基本设计知识库模块、产品环境属性知识模块、产品基本原理知识库模块和绿色设计知识库模块在系统中所存在的形式简略图如图5.8所示。

3）系统工作流程

如图5.9所示，当设计人员开始登录系统后，项目负责人通过系统工作流引擎向设计人员分配任务，随后自动向推送系统请求知识推送列表，并激活系统启动知识推送引擎。推送系统引擎会结合设计人员的行为数据库分别进行任务信息(历

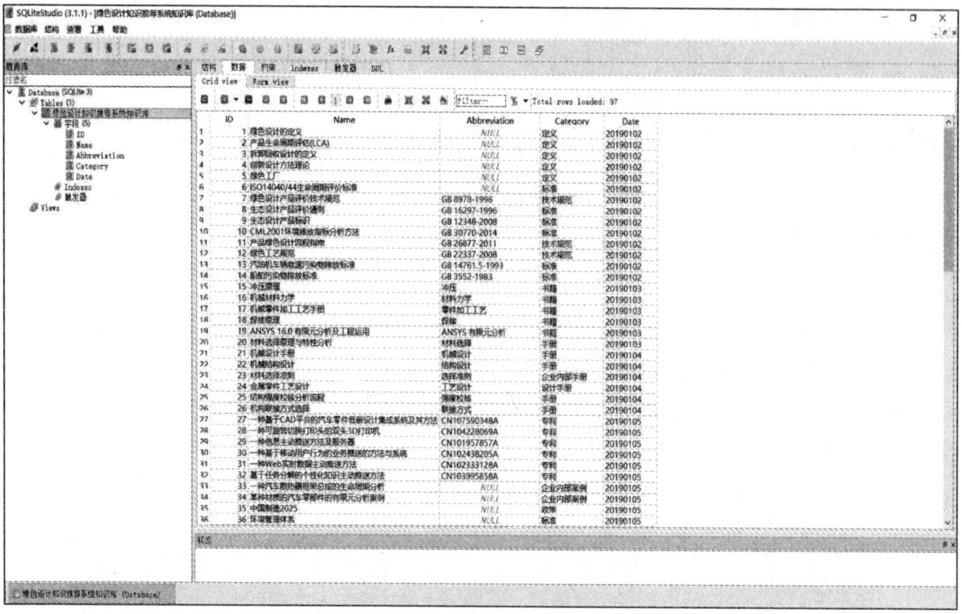

SQLiteStudio (3.1.1) - [绿色设计知识推荐系统知识库 (Database)]

数据库 结构 查看 工具 帮助

数据库

Database (SQLite 3)
Tables (1)
绿色设计知识推荐系统知识库
字段 (5)
ID
Name
Abbreviation
Category
Date
Indexes
触发器
Views

结构 数据 约束 Indexes 触发器 DDL

Grid view Form view

Filter Total rows loaded: 97

	ID	Name	Abbreviation	Category	Date
1	1	绿色设计的定义	NULL	定义	20190102
2	2	产品生命周期评估(LCA)	NULL	定义	20190102
3	3	拆卸回收设计的定义	NULL	定义	20190102
4	4	创新设计方法理论	NULL	定义	20190102
5	5	绿色工厂	NULL	定义	20190102
6	6	ISO14040/44生命周期评价标准	NULL	标准	20190102
7	7	绿色设计产品评价技术规范	GB 8978-1996	技术规范	20190102
8	8	生态设计产品评价通则	GB 16297-1996	标准	20190102
9	9	生态设计产品标识	GB 12348-2008	标准	20190102
10	10	CML2001环境排放指标分析方法	GB 30770-2014	标准	20190102
11	11	产品绿色设计流程指南	GB 26877-2011	技术规范	20190102
12	12	绿色工艺规范	GB 22337-2008	技术规范	20190102
13	13	汽油机车辆怠速污染物排放标准	GB 14761.5-1993	标准	20190102
14	14	船舶污染物排放标准	GB 3552-1983	标准	20190102
15	15	冲压原理	冲压	书籍	20190103
16	16	机械材料力学	材料力学	书籍	20190103
17	17	机械零件加工工艺手册	零件加工工艺	书籍	20190103
18	18	焊接原理	焊接	书籍	20190103
19	19	ANSYS 16.0 有限元分析及工程运用	ANSYS 有限元分析	书籍	20190103
20	20	材料选择原理与特性分析	材料选择	手册	20190103
21	21	机械设计手册	机械设计	手册	20190104
22	22	机械结构设计	结构设计	手册	20190104
23	23	材料选择准则	选择准则	企业内部手册	20190104
24	24	金属零件工艺设计	工艺设计	设计手册	20190104
25	25	结构强度校核分析流程	强度校核	手册	20190104
26	26	机构联接方式选择	联接方式	手册	20190104
27	27	一种基于CAD平台的汽车零件低碳设计集成系统及其方法	CN107590348A	专利	20190105
28	28	一种可旋转切换打印头的双头3D打印机	CN104228069A	专利	20190105
29	29	一种信息主动推送方法及服务器	CN101957857A	专利	20190105
30	30	一种基于移动用户行为的业务推送的方法与系统	CN102438205A	专利	20190105
31	31	一种Web实时数据主动推送方法	CN102333128A	专利	20190105
32	32	基于任务分解的个性化知识主动推送方法	CN103995858A	专利	20190105
33	33	一种汽车散热器框架总成的生命周期分析	NULL	企业内部案例	20190105
34	34	某种材质的汽车零部件的有限元分析案例	NULL	企业内部案例	20190105
35	35	中国制造2025	NULL	政策	20190105
36	36	环境管理体系	NULL	标准	20190105

状态

绿色设计知识推荐系统知识库 (Database)

图 5.8　系统知识库界面

史行为记录以及任务描述信息)的收集和设计人员先前行为的收集。同时,工作流引擎也会主动获取设计人员角色,根据设计人员的知识背景与所在岗位的映射来获取设计人员的岗位信息。此外,推送引擎还将结合设计人员的背景和设计任务需求的分析,从知识资源库中读取知识资源,按照相关算法运算以找出高匹配程度的知识,并从大到小排序以得到推送列表,接着根据推送设定的阈值筛选出匹配度大于阈值的知识,形成最终推送结果返回给设计人员。在推送结果给出后,设计人员可结合当前的任务对推送结果中的知识进行评估,并反馈给系统。系统将过滤后的知识推送给设计人员,以辅助设计活动高效地完成。

4) 推送过程

图 5.10 所示为从设计目标任务分解到设计人员绿色设计知识需求的整个操作过程界面,包括设计目标的分解、设计意图分析以及将子任务匹配给设计人员等。在需要对散热器框架总成进行绿色设计时,项目负责人应首先在系统库中输入关键字“散热器框架总成绿色设计”这一总体目标。其次利用系统将总体目标分解为几个子目标,即散热器框架总成的结构设计 T_1、工艺设计 T_2、强度校核 T_3、拆卸回收设计 T_4 以及生命周期评估 T_5 等。最后通过不同的设计者(D_1,D_2,D_3,D_4,D_5)来完成系统推送的子任务。在向设计者分配子任务时,由于存在个体差异,还得考虑设计者的相关知识背景。此外,设计者还需借助系统的知识推送完成绿色设计,包括环境影响指标和相关绿色标准知识等。

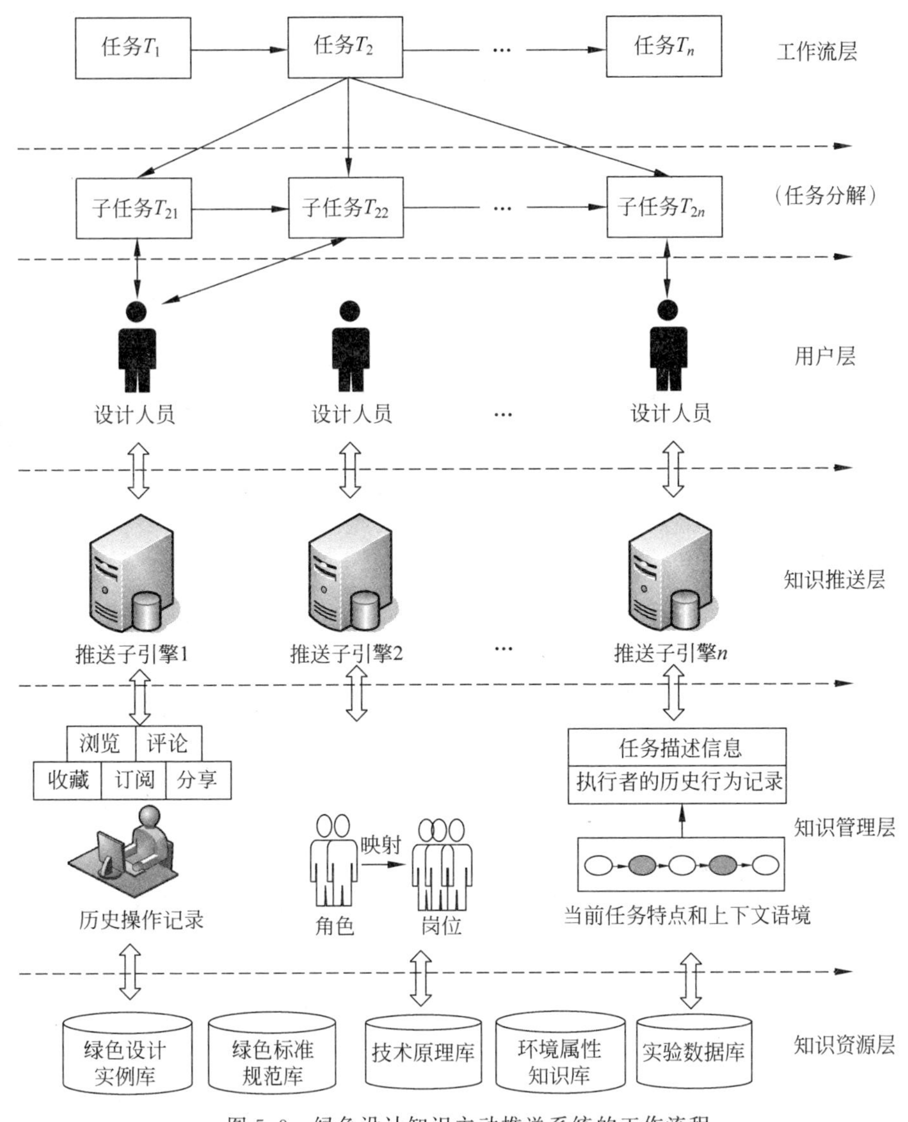

图5.9　绿色设计知识主动推送系统的工作流程

已知设计师A分配到子任务"生命周期评估"，图5.11显示了设计人员被分配到的子任务后，需要对产品的相关信息进行输入的界面。在此界面，设计人员需要输入的清单信息包括产品编号、名称、质量、材料选择、备注等。

由设计师A分配到的子任务T_5散热器框架生命周期评估，结合表5.3中的知识K01～K12的核心词，可以列出各知识与设计任务T_5组成的核心词表如表5.4所示。

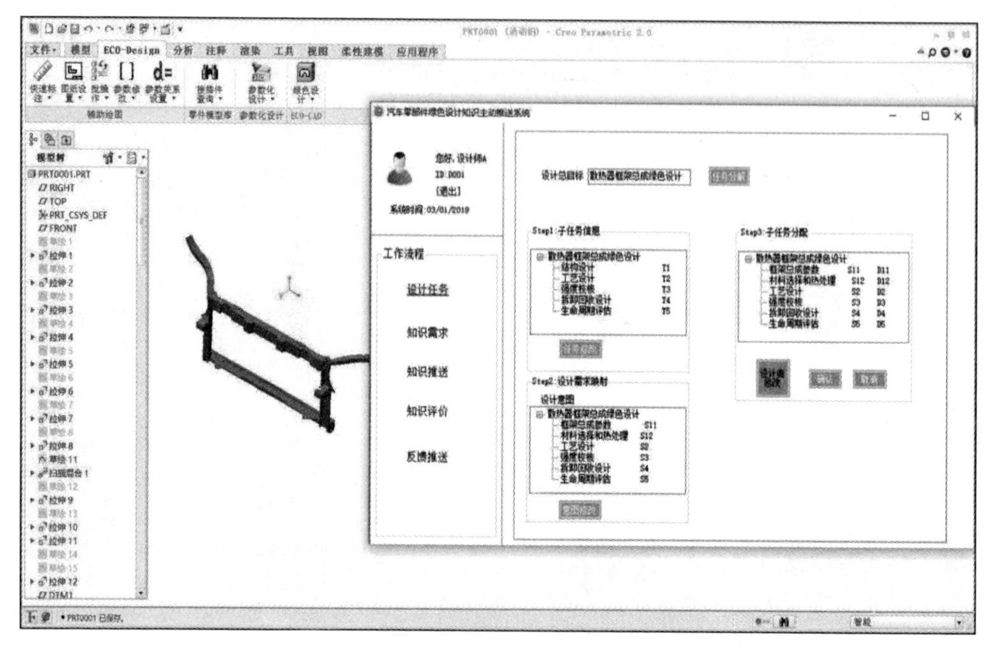

图 5.10　设计任务与设计人员的匹配

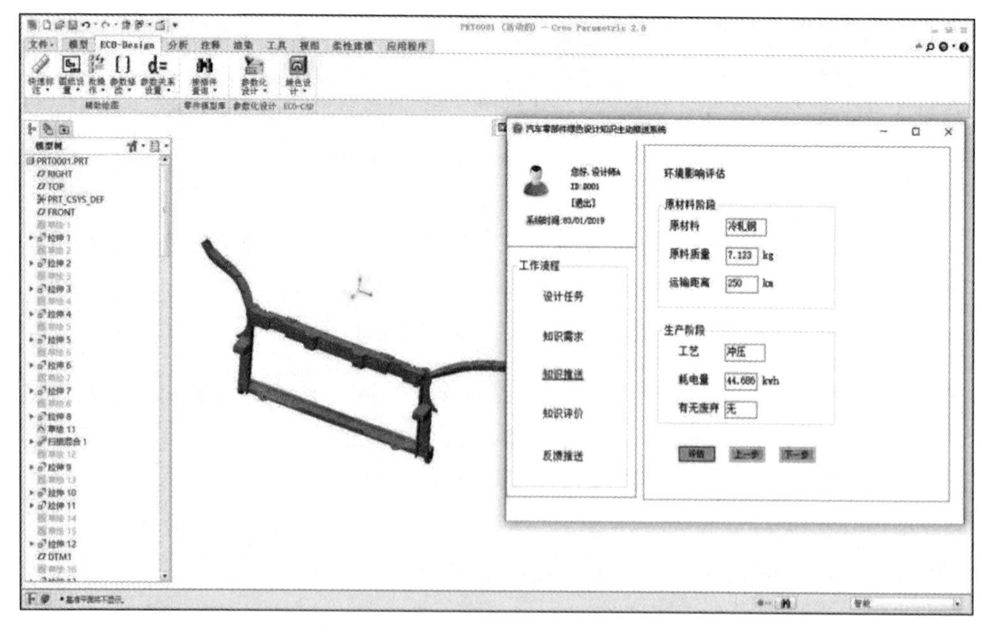

图 5.11　输入产品信息

表 5.4　知识 K01～K12 与设计任务 T_5 组成的核心词表

知识编号	与 T_5 共同组成的核心词语
K01	散热器框架、生命周期、评估、绿色设计、规范
K02	散热器框架、生命周期、评估、绿色设计、流程
K03	散热器框架、生命周期、评估、生态设计、产品、标识
K04	散热器框架、生命周期、评估、生态设计、产品、通则
K05	散热器框架、生命周期、评估、选材
K06	散热器框架、生命周期、评估、绿色设计、产品、规范
K07	散热器框架、生命周期、评估、ISO、标准
K08	散热器框架、生命周期、评估、焊接、操作手册
K09	散热器框架、生命周期、评估、选材、标准
K10	散热器框架、生命周期、评估、环境影响、分析
K11	散热器框架、生命周期、评估、机械零件、加工、工艺手册
K12	散热器框架、生命周期、评估、机械、材料力学

在生命周期评估阶段，设计人员按要求输入相关参数到系统中，单击“评估”后，系统将自动推送“评估结果”，如图 5.12 所示，在提供分析结果的同时系统还将采集设计人员对推送知识的评估结果，根据结果推送相关内容和绿色设计知识，便于设计人员更好地理解绿色设计。

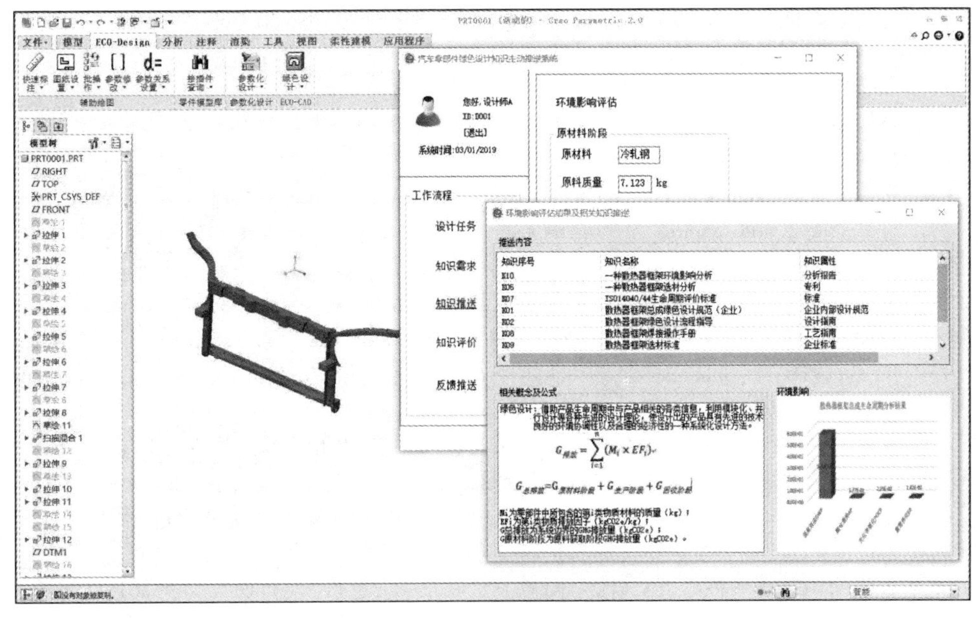

图 5.12　系统推送结果

习题

1. 绿色设计知识与设计知识有哪些异同点?
2. 绿色设计知识有哪些表达方法?
3. 绿色设计知识有哪些重用方法?
4. 绿色设计知识推送流程主要分为哪些步骤?

参考文献

[1] 刘光复,刘志峰,李钢.绿色设计与绿色制造[M].北京:机械工业出版社,2000.
[2] MANSURI Y,KIM J G,COMPTON P,et al. A comparison of a manual knowledge acquisition method and an inductive learning method [C]//Australian workshop on knowledge acquisition for knowledge based systems. 1991: 114-132.
[3] 施荣明.知识工程与创新[M].北京:航空工业出版社,2009.
[4] MENDJOGE N,JOSHI A R,NARVEKAR M. Review of knowledge representation techniques for Intelligent Tutoring System [C]//2016 3rd International Conference on Computing for Sustainable Global Development (INDIACom). IEEE,2016: 2508-2512.
[5] TURBAN E,FRENZEL L E. Expert systems and applied artificial intelligence [M]. Prentice Hall Professional Technical Reference,1992.
[6] DAVENPORT T H,PRUSAK L. Working knowledge: How organizations manage what they know[M]. Boston: Harvard Business Press,1998.
[7] 阚欢迎.产品绿色设计知识资源网络构建与联动更新方法研究[D].合肥工业大学,2019.
[8] 吉祥.面向产品绿色设计的知识建模及应用技术研究[D].浙江大学,2013.
[9] 施荣明.知识工程与创新[M].北京:航空工业出版社,2009.
[10] REUSS P,STRAM R,ALTHOFF K D,et al. Knowledge engineering for decision support on diagnosis and maintenance in the aircraft domain[M]//Synergies Between Knowledge Engineering and Software Engineering. Berlin: Springer,Cham,2018: 173-196.
[11] 秦旭.变需求驱动的产品绿色设计知识更新[D].合肥工业大学,2018.
[12] ZHANG J H,WANG S Y,LI B,et al. New conception and basic characteristics of green product and the theoretical system of green design[J]. Journal of Northeast Forestry University,2000,28(4): 84-86.
[13] 胡建.产品设计知识管理关键技术研究及实现[D].南京:南京航空航天大学,2006.
[14] 苏金明,阮沈勇,王永利. MATLAB工程数学[M].北京:电子工业出版社,2005.
[15] 卞本羊.基于知识重用的绿色产品客户需求处理与转换方法研究[D].合肥工业大学,2014.
[16] 张路.本体映射中概念语义相似度计算方法研究[D].兰州:兰州理工大学,2010.
[17] LIEBOWITZ J. Knowledge management handbook[M]. London: CRC Press,1999.
[18] 姜瑞.面向环境性能优化的产品设计知识主动推送方法研究[D].合肥工业大学,2019.
[19] 吉祥,顾新建,代风,等.基于本体和粗糙集的产品设计知识推送技术[J].计算机集成制

造系统,2013,19(1): 14.

[20] NILASHI M, BIN IBRAHIM O, ITHNIN N. Multi-criteria collaborative filtering with high accuracy using higher order singular value decomposition and Neuro-Fuzzy system [J]. Knowledge-Based Systems, 2014, 60: 82-101.

第6章

实　例

作为典型的家电产品，洗碗机的主要功能是自动清洗餐具，其基本原理是利用高温、高压水柱冲刷的机械作用和洗涤剂强效的去污作用，达到清洁除菌的目的。目前，国外洗碗机市场需求量比较大，其在发达国家的普及率已高达70%。相对而言，国内洗碗机的拥有率比较低，但是也有快速发展的趋势，因此国内的洗碗机厂商面临国内国外两个市场激烈竞争的现状。随着国内外相关标准的不断完善，市场对洗碗机的绿色性能要求越来越高，这给生产商带来了挑战和机遇。因此，下文将以国内某家电企业的柜式洗碗机为例开展绿色设计应用。

6.1　案例描述

洗碗机的工作原理

6.1.1　洗碗机的结构及其工作原理

该洗碗机的产品模型如图6.1所示，根据功能结构映射，可将洗碗机划分为洗涤系统、结构系统、动力系统和预处理系统4个模块单元。表6.1所示为该洗碗机各模块单元的主要零部件及材料清单。

图6.1　洗碗机外观图

表 6.1 洗碗机各模块单元的主要零部件及材料清单

模块单元	零部件名称	主要材料	数量	重量/g
洗涤系统	上下碗篮	铁	2	1 613.5
	配水器组件	PP	1	118
	外水管	PP	1	136.1
	筷叉篮组件	PP	1	227
	上下喷臂	PP	2	48.2
	内胆	不锈钢	1	4 340
结构系统	左右侧板	铁	2	2 525.48
	顶板	ABS	1	3 050
	上下横档	铁	1	553
	脚踢板	ABS	1	62.6
	加强筋	冷轧钢板	1	364
	内门	铁	1	1 240
	外门	铁	1	1 564
动力系统	杯组件	PP	1	177.8
	电机泵组件	铁	1	43.7
预处理系统	可调软水器	铁；PA66；铜	1	171.9
	呼吸器	PP	1	200

洗碗机在程控器及相关电器件的控制下，通过洗涤泵在不同时段将不同温度的、含有洗涤剂或漂洗剂的水经旋转的喷臂从3D方向密集地喷射在餐具上，通过水流对餐具表面的冲刷、热水对食物残渣的膨化与脱离，以及洗涤剂对餐具油污、残渍的分解最终达到洗涤、除菌效果。

6.1.2 洗碗机相关标准规范

洗碗机相关标准规范

经过多年的完善，我国已经建立了以GB/T 20290、GB 4706.25、GB/T 4214.3、QB/T 1520等为代表的完整洗碗机标准体系。国外较为权威的标准是在洗涤性能、能耗等方面综合考虑了绿色环保因素的欧盟洗碗机标准EN 50242系列，该系列标准对洗碗机综合性能有了更高的要求。

其余比较著名的标准规范有RoHS指令和WEEE指令等。欧盟RoHS指令的颁布明显改善了洗碗机制造原材料中的铅、汞、镉、六价铬等影响人体健康和具有生态毒性的物质之应用；欧盟WEEE指令的颁布则使得洗碗机采用了85%以上的可回收材料，零部件重量大于250 g的都印上了材料的类型和回收标志。

随着中国以及美国(能源之星)、欧盟(欧洲之花)等国家和地区的环保标准对洗碗机能耗、水耗、噪声和电磁辐射等方面提出的一系列环保规范的应用，在这些地方销售的洗碗机能耗、水耗和噪声等方面也有了显著的改善。

以上标准详细地规范了洗碗机的性能和安全要求，为生产厂家在性能和安全上提出了要求和指引。国内外主要的洗碗机相关标准规范如表 6.2 所示。

表 6.2 洗碗机现有标准规范清单

序号	标准号	标准名称	备注
1	GB 38383—2019	《洗碗机能效、水效限定值及等级》	国标
2	GB/T 20290—2016	《家用电动洗碗机性能测试方法》	国标
3	HJ 2549—2018	《环境标志产品技术要求 家用洗碗机》	行标
4	QB/T 5428—2019	《家用和类似用途节水型洗碗机 技术要求及试验方法》	行标
5	IEC 60436—2020	《家用电动洗碗机性能测试方法》	国际标准
6	IEC 60335-1：2020	《家用和类似用途电器的安全 一般要求》	国际标准
7	EN 60335-2-5：2015	《家用和类似用途电器的安全 洗碗机的特殊要求》	欧盟标准
8	EN 50242：2016	《家用电动洗碗机性能测试方法》	欧盟标准
9	2011/65/EU	《RoHS 指令：关于限制在电子电气设备中使用某些有害成分的指令》	欧盟标准
10	2012/19/EU	《WEEE 指令：关于电子电气产品的废弃指令》	欧盟标准

6.2 概念设计

6.2.1 绿色产品需求的映射

产品绿色设计的首要任务就是实现需求与结构设计要求之间的映射，环境需求能否映射到结构设计上是产品的绿色设计成功的关键因素。

1. 用户环境需求的数据获取

产品设计人员获取洗碗机用户的需求调查数据，并对其进行整理和分析，可得到用户初始需求集为：{操作方便、安全性高、外形美观、体积小、重量轻、价格适中、自动化程度高、可靠耐用、洗涤和干燥充分、维修方便、节能环保、符合相关环保法规}。

对用户的初始需求进行分解、合并和补充，可进一步得到用户常规需求集：{餐具取放方便、操作简单、运行安全、无毒害、搬运方便、外形美观、重量轻、价格适中、智能控制、运行可靠、使用寿命长、洗涤充分、干燥充分、维修方便}，以及常见环境需求集：{能耗低、水耗低、便于回收、材料消耗少、噪声低、符合相关环保法规}。

用户常规需求与环境性能之间也有着一定的联系，通过进一步的分析，可以从常规需求中提取出隐性的环境需求，并对其进行重要度排序。具体步骤如下：

（1）提取隐性的环境需求。无毒害，即制造所使用的材料环境友好性高、有毒有害物质含量少、符合相关环保法规；重量轻，即制造所使用的材料消耗少、资源利用率高；维修方便，表示其拆解性好。

(2) 隐性环境需求重要度的排序。从常规需求所提取而得到的环境需求还需要进行去粗取精，通过之间的关联矩阵对隐性环境需求进行排序。此时可将相关专家对常规需求和隐性环境需求的关联度打分，得到关联矩阵如表 6.3 所示。

表 6.3　常规需求和环境需求之间的关联矩阵

	能耗低	资源利用率高	材料消耗少	材料环境友好	拆解性好	符合相关环保法规	T
餐具取放方便	4	4	2	1	1	1	13
操作简单	1	3	3	1	1	3	12
运行安全	5	5	1	1	1	7	20
五毒害	1	6	6	9	3	9	34
搬运方便	1	1	9	3	1	7	22
外形美观	1	1	1	1	1	1	6
重量轻	3	3	9	3	2	7	27
价格适中	3	1	6	3	2	6	21
智能控制	3	1	6	3	2	6	21
运行可靠	6	3	4	1	1	9	23
使用寿命长	6	3	3	3	6	9	30
洗涤充分	6	3	3	1	1	3	17
干燥充分	9	6	6	1	1	3	26
维修方便	1	2	2	2	9	6	22
K	50	42	55	31	30	71	

由表 6.3 可知，能耗低、材料消耗少、符合相关环保法规和法规等对常规需求的影响较大，且重要度也较高，因此在洗碗机的设计过程中要优先考虑这 3 项环境需求。由此得到的隐性环境需求集为{能耗低，材料消耗少，符合相关环保法规}。将得到的常见环境需求集和隐性环境需求集进行合并，去掉重复的环境需求后，最终得到的用户环境需求集为{能耗低，材料消耗少，便于固收，噪音低，符合相关环保法规}。

2. 用户环境需求到产品设计要求的映射

在完成上一步骤的工作后，要将环境需求转化为洗碗机的具体设计要求，这样才能真正将环境需求融入产品的设计中。洗碗机的实际设计要求包括了材料、水耗、拆解性、噪声、能耗、回收性、使用寿命和干燥性能等，其分别对应 $DR_1, DR_2, \cdots, DR_8$。采用 0、3、6、9 等数值来表示用户环境需求与产品设计要求之间的关联度，并根据式(2.4)对关联度进行归一化处理，可得到洗碗机用户工程参数需求和产品设计要求的关系矩阵 S，如表 6.4 所示。

表 6.4　洗碗机用户环境需求与产品设计要求关系矩阵 S

	W	DR_1	DR_2	DR_3	DR_4	DR_5	DR_6	DR_7	DR_8
ER_1	0.4464	0	0	0	0	0.896	0	0	0
ER_2	0.1296	0.096	0.512	0.042	0	0	0.512	0.612	0.086
ER_3	0.4131	0.251	0.042	0.69	0	0	0.886	0.062	0.042
ER_4	0.2028	0.075	0.042	0.023	0.891	0.021	0.164	0	0.042
ER_5	0.4788	0.078	0.69	0.512	0.512	0.69	0.69	0.078	0.075

根据表 6.4 中产品设计要求与用户环境需求之间的关联度和用户环境需求的重要度，可计算每项产品设计要求的重要度为

$$W=\{0.189,0.112,0.166,0.060,0.131,0.086,0.020,0.075\}$$

从产品的设计要求中可得出，材料、水耗、拆解性和能耗的重要度较大。因此，在进行洗碗机设计时应优先满足这些设计要求。

在得到产品设计要求及重要度之后，可以对每一个结构单元与设计要求之间的关联度进行专家打分，实现从设计要求到结构单元的映射。这里选择 5 位专家对其关联度进行打分，以拆解性为例说明构建产品设计要求与结构单元之间关联矩阵的过程。

选 5 位专家 P_1、P_2、P_3、P_4、P_5 分别对拆解性与结构单元集中的结构支承单元等两者的关联度进行打分，得到结果如表 6.5 所示。

表 6.5　拆解性与结构支撑单元的关联度

	P_1	P_2	P_3	P_4	P_5
S_1	7	7	9	9	7

由表 6.5 中的关联度评价值可知对于 S_1 的关联度而言有两个概念，即“7”(专家 1、2 和专家 5 给出)和“9”(专家 3 和专家 4 给出)。根据粗糙数理论可以计算出概念“7”和“9”的上下极限、粗糙边界区域和粗糙数。然后，再根据求得的结果将该项设计要求与结构支撑单元 S_1 的关联度评价值用粗糙数表示，如表 6.6 所示。

表 6.6　关联度的粗糙数表示

	P_1	P_2	P_3	P_4	P_5
S_1	[7.00,7.80]	[7.00,7.80]	[7.80,9.00]	[7.80,9.00]	[7.00,7.80]

根据规定的运算法则得到拆解性与结构支撑单元的关联度的绝对粗糙数为

$$RN(S_n)=(3\cdot RN(7)+2\cdot RN(9))/5=[7.32,8.28]$$

最后，求出绝对粗糙数的平均数为 7.80。

重复以上步骤，可以得到设计要求集与产品结构单元集的关联度的绝对粗糙数，用其平均数表示其关联度，最终能够映射到结构支撑单元和清洗单元；水耗映

射到动力单元和清洗单元；拆解性能映射到结构支撑单元和清洗单元；有毒有害物质含量映射到预处理单元；能耗映射到预处理单元、控制单元和动力单元。同时，根据同样的方法可以将相应的设计要求映射到结构单元中的具体零件上，由于篇幅原因本节不再进行计算。

6.2.2 绿色产品的模块化设计

进行产品配置设计的前提是对产品进行合理的模块划分，根据洗碗机的功能结构映射，可以将其划分为洗涤系统、结构系统、动力系统和预处理系统 4 个模块单元。洗碗机产品的标准化程度不高，结构、材料改动空间大，通过合理的设计，能够在很大程度上提高其回收再制造性能。下面将建立洗碗机的 3D 模型，忽略紧固件和部分小型连接件的情况下对其进行简化，如图 6.2 所示。

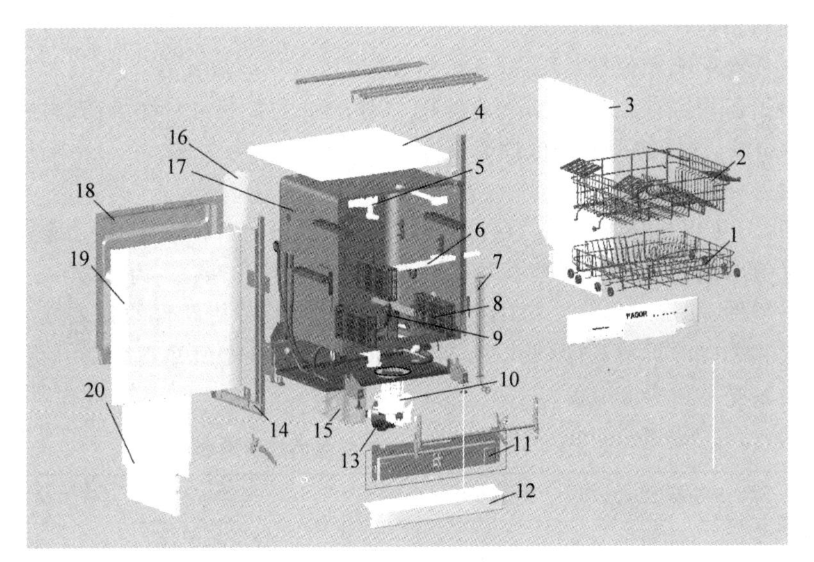

1—下碗篮；2—上碗篮；3—右侧板；4—顶板；5—配水器组件；6—上喷臂；7—外水管；8—篮筐；9—下喷臂；10—杯组件；11—下前横挡；12—脚踢板；13—电机泵组件；14—加强筋；15—可调软水器；16—呼吸器；17—内胆；18—内门；19—外门；20—左侧板

图 6.2 洗碗机的三维模型图(部分零件简化)

以内胆 17 和杯组件 10 为例进行分析，其装配图的结构见图 6.3 所示，其零部件信息见表 6.7 所示。

表 6.7 零部件信息表

编号	名称	材料	质量/kg	材料环境影响/(mPt/kg)	设计使用寿命/年	回收价值/(元/kg)
10	杯组件	PP	1.67	3.4	14	6.3
17	内胆	不锈钢	3.85	4.1	25	4.5

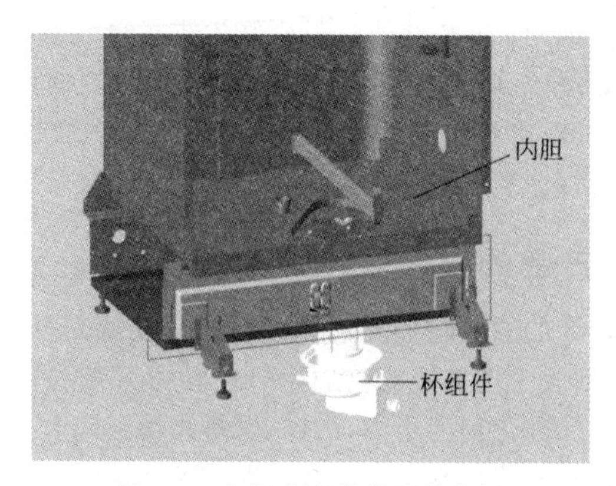

图 6.3　内胆-杯组件装配结构图

计算其相似性交互值如下。

材料环境影响相似性：$I_{me}(i,j)=(3.4\times1.67)/(4.1\times3.58)=0.3717$；

材料工艺相容性：$I_{cr}(i,j)=\omega_{m1}I_m(i,j)+\omega_{m2}I_c(i,j)=0.075$，材料的交互性因子取 0.1，材料的工艺相似性取值 0.05，$\omega_{m1}=\omega_{m2}=0.5$；

使用寿命交互性：$I_1(i,j)=14/25=0.56$；

维护性：$I_a(i,j)=\omega_{mc}I_{mc}(i,j)+\omega_{ms}I_{ms}(i,j)=0.554$，其中可维护随机相关性交互值取值 0.4，可维护经济相关性交互值取值 0.62，ω_{mc} 为 0.3，ω_{ms} 为 0.7；

可拆解性：$I_d(i,j)=0.35$，结合经多次拆解实验分析获得的如表 6.8 所示的连接方式和相应的拆解难度，获取两零部件间的拆解难度值并进行归一化处理，确定拆解关系交互值为 0.35；

表 6.8　10 种连接方式和相应的拆解难度

序号	连接方式	难度值	序号	连接方式	难度值
1	注塑	5.0	6	轻压入配合	1.73
2	焊接	4.23	7	间隙配合	0.96
3	螺栓连接	4.04	8	松配合	0.38
4	螺钉连接	4.04	9	盖	0.19
5	扣	3.85	10	限位	0.10

经济性：$I_e(i,j)=(6.3\times1.67)/(4.5\times3.85)=0.607$；

物理功能独立性：$I_p(i,j)=\omega_1I_{p1}(i,j)+\omega_2I_{p2}(i,j)+\omega_3I_{p3}(i,j)+\omega_4I_{p4}(i,j)=0.64$，其中 ω_1、ω_2、ω_3、ω_4 分别取值为 0.2、0.1、0.05、0.65，其对应的交互值的值为 0.05、0.02、0.005、0.87。

零件 17 和零件 10 的相似性交互值的值为

$$r_{10\text{-}17}=0.12\times0.3717+0.16\times0.075+0.20\times0.35+0.15\times0.56+0.22\times0.554+0.05\times0.607+0.10\times0.64=0.427;$$

按照上述方法可以得到洗碗机各零部件的模糊相似矩阵 $\boldsymbol{R}$ 为

$$R=\begin{bmatrix}1 & 0.213 & 0.407 & 0.342 & \cdots & 0.214\\ 0.213 & 1 & 0.374 & 0.416 & \cdots & 0.137\\ 0.407 & 0.374 & 1 & 0.566 & \cdots & 0.612\\ 0.342 & 0.416 & 0.566 & 1 & \cdots & 0.675\\ \vdots & \vdots & \vdots & \vdots & & \vdots\\ 0.214 & 0.137 & 0.612 & 0.675 & \cdots & 1\end{bmatrix}$$

求传递闭包 $t(R)=R^6$ 取不同阈值 $\lambda(\lambda=0.55,0.6,0.65,0.7,0.75)$ 进行模块划分，分别计算其模块化 SV 值、均值 $\overline{SV}$、均方差 M_{SV}，图 6.4 所示为不同阈值下的模块化 SV 值、均值、均方差对比。

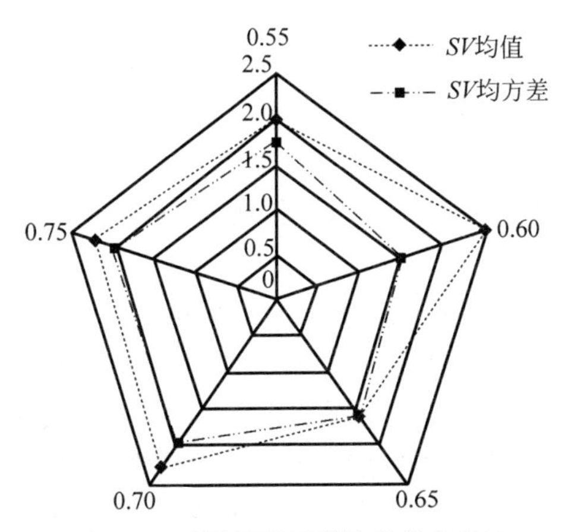

图 6.4 不同阈值下模块化判定雷达

由图 6.4 可见，λ 取 0.60 时，其均值 $\overline{SV}=2.5$ 最大，且均方差 $M_{SV}=1.534\,86$ 最小，可见此时模块划分较为合理，此时零部件划分为以下 4 个模块：$M_1=\{1,2,5,6,8,9,15,16,17\}$；$M_2=\{3,4,7,18,19,20\}$；$M_3=\{11,12,13,14\}$；$M_4=\{10\}$。模块 M_1、M_2、M_3、M_4 的划分符合产品生命周期各阶段主动再制造设计的要求，同时兼顾产品功能结构实现和物理(如现实中的拆解条件)可行性。

6.2.3 绿色产品的创新设计

根据前文对洗碗机的客户需求分析可知，水耗映射到动力单元和清洗单元，因此以洗碗机的清洗系统的创新设计为例，首先明确其工作过程由以下 4 个阶段构成：

第一阶段是进水，在电路控制下进水阀通电开启，自来水通过进水管进入呼吸器。在呼吸器中，水通过机械方式分为两路，一路保留在呼吸器中，另一路则经水管接至软水器，在此经过软化后被加热，进入水杯，当进水量达到设计值时，压力开关动作，进水停止；

第二阶段为洗涤过程，洗涤泵开始工作，泵从水杯把水吸入，经泵增压后流入喷臂。因部分喷嘴有一定斜度，故高压水流从喷臂喷孔喷出时会产生很大的反作用力，促使喷臂进行旋转运动，不断改变方向的高压水流对餐具表面进行冲洗和淋刷，使洗涤均匀；

第三阶段为烘干，利用清洗过程中的余热烘干餐具；

第四阶段为排水，洗涤结束后，由排水泵把洗碗机内的废水经排水管排出。

从上述分析得出，改进洗碗机能耗、水耗最有效的措施包括：①提高洗碗机清洁系统的清洁动力，减少清洗时间；②在内胆外侧粘贴优质的热阻尼材料，减少热量损失，减少能耗；③开发高效率的集成发热管，提高能源转化率；④优化管路系统，通过节省管路系统本身的来减少水所携带能量的损耗，从而间接减少能耗。下面以洗碗机清洗系统的创新设计来实现洗碗机能耗和水耗的改进。

清洗臂的清洁动力与水柱的强度、数量以及清洗泵功率有关系，且 3 者之间存在冲突。运用矛盾分析方法将这一冲突转化为 TRIZ 工程参数：出水口数量-物质或事物的数量(TRIZ 工程参数 26)，水柱的强度-运动物体的能量(TRIZ 工程参数 19)，然后查找 TRIZ 冲突矩阵，找到可用的发明原理序号为 16(部分或过量的动作)。同时，水柱的强度与清洗泵的功率也存在冲突，水柱的强度-运动物体的能量(TRIZ 工程参数 19)，清洗泵的功率-功率(TRIZ 工程参数 21)，查找 TRIZ 冲突矩阵，找到可用的发明原理序号为 19(周期性动作)。根据实际情况判断，最终采用方案①，根据可利用的发明原理决定添加额外的清洗臂以增加清洗臂的出水口数量，同时为了保证水柱的清洗强度，需要采用控制程序实现 2 个清洗臂交替运动清洗。改进后的结构见图 6.5。

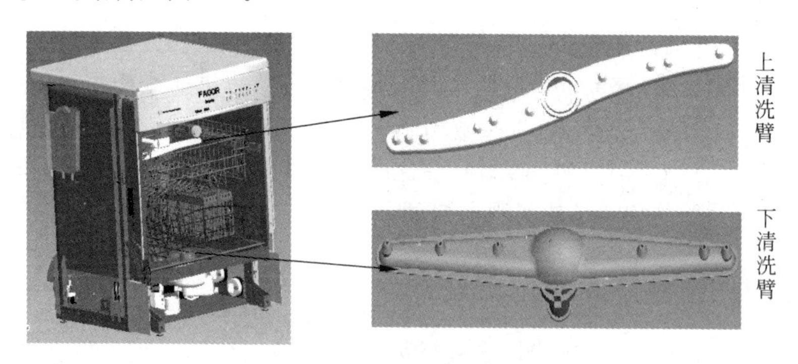

图 6.5　改进后的洗碗机清洗系统模型

为了验证改进后的节水效果，可以调用 Ansys 软件改进前洗碗机的流体模型并进行修改，比较改进前后清洗系统的效果，从图 6.6(a)、(b)以看出单位时间内餐具单位面积的水柱数量明显增加，而且清洗不到的死区显著减少，这不仅改善了洗碗机的清洗性能，还减少了清洗时间，有效地提高了洗碗机的资源利用率。

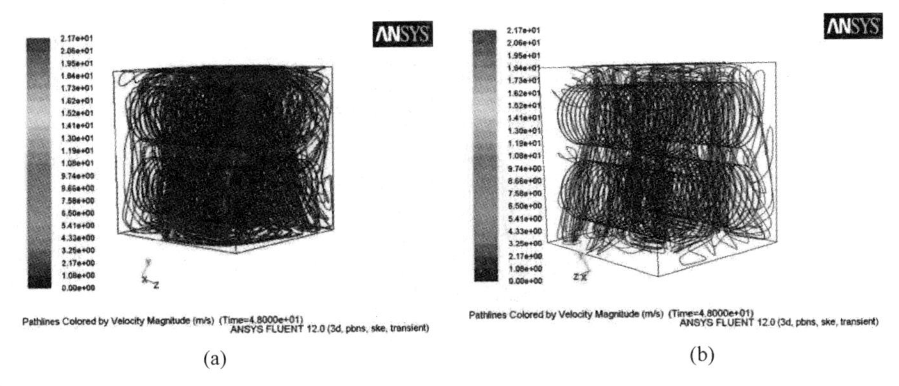

图 6.6 改进前后洗碗机清洗系统的 Ansys 流体模型

(a) 改进前；(b) 改进后

6.3 详细设计

6.3.1 低碳设计

由洗碗机的生命周期分析结果得知，其在使用阶段的能耗及原材料获取阶段的材料使用是其本身造成环境负担的最大因素，故改进设计时这两方面为改进重点，洗碗机是量大面广的典型家电产品，其使用寿命长，全生命周期碳排放量巨大，故对其进行低碳设计改进具有较强的理论与实践意义。从低碳设计的角度出发，应量化分析洗碗机各零件整个生命周期阶段的碳排放，识别产品结构中的高碳因素，最后根据结果给出洗碗机的低碳化设计方案，但为节省篇幅，本小节只针对洗碗机内胆进行低碳设计。

1. 洗碗机的零部件结构设计

首先，根据需求-功能分析获得零件的设计要求，对机械结构部分的零件进行结构设计，确定零件的结构参数，在 CAD 软件中 3D 功能构建零件结构模型，图 6.7 为不锈钢箱体内胆的模型图。然后，根据零件的使用工况进行材料选择，如外箱体、内胆、喷壁、连接件等。对电器控制部分的零件进行型号选择，如程控器、温控器、压力开关、排水泵等，并进行力学性能分析。如果不满足力学性能要求就应重新再设计；如果满足要求，便生成零件的结构方案。

以内胆为例，由洗碗机的工作原理可知其运行过程中要承受喷壁喷出的高温高压水流，所以它的材料必须耐高温、易清洁、不易腐蚀且不易变形。目前其材料可以选择硅铝合金、铸钢、不锈钢等，根据零件的结构及力学性能要求目前初选不锈钢。材料选择完成后，经力学性能校核确认其满足设计要求，零件设计完毕。

图 6.7　洗碗机内胆

2. 洗碗机零部件工艺设计

由于电器控制部分的零部件只要选择合适的型号即可，所以这一环节的工艺设计主要针对机械结构部分。在确定选材及参数后，选定其制造工艺，生成工艺方案集。

以内胆为例，其毛坯材料为不锈钢卷钢板，可选择工艺方案如：开料→一次拉伸→清洗检验→退火→二次拉伸→切边→去毛刺→清洗检验→冲电机孔→抛光→喷砂→补砂校正→冲固定孔→冲出水孔→冲溢水孔→烘干→清洗检验，如图 6.8 所示。

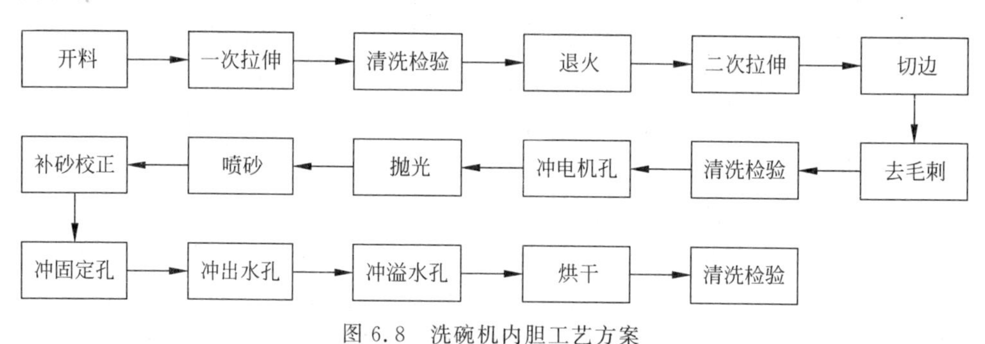

图 6.8　洗碗机内胆工艺方案

3. 洗碗机零部件碳排放量化分析

1）确定系统边界

由概念设计可得洗碗机的主要零件及其材料清单，将功能单元选取为洗碗机，则系统边界包括原材料及能源获取、制造装配、运输、使用、回收处理 5 个阶段，该款洗碗机全生命周期的碳排放分析主要系统边界确定如图 6.9 所示。

2）洗碗机零部件碳排放量化分析

以内胆为例，选择内胆的 3D 模型，将其导入低碳设计集成模块，基于前文介绍的零件生命周期碳排放量化模型，系统后台根据上述结构方案与工艺方案进行内

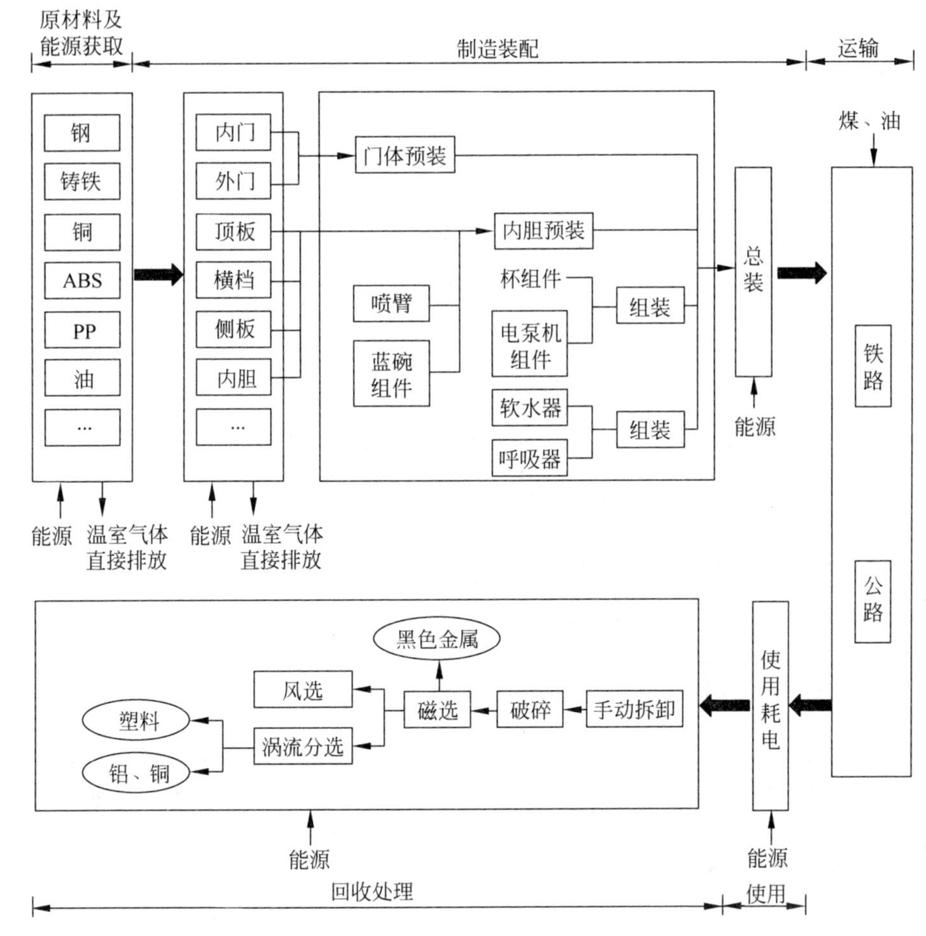

图 6.9　洗碗机全生命周期碳排放分析的主要系统边界

胆的生命周期碳排放量化。

通过集成平台计算出内胆的生命周期碳排放为 1 286.97 $kgCO_2e$，生命周期各阶段的碳排放如表 6.9 所示：

表 6.9　洗碗机内胆碳排放量化结果

洗碗机内胆	碳排放/$kgCO_2e$	占比/%
原材料获取	38.36	2.98
制造	1.43	0.11
运输	16.83	1.31
使用	1 222.06	94.96
回收	8.29	0.64
合计	1 286.97	100

由表 6.9 可知，在整个生命周期中，洗碗机内胆在使用阶段所占碳排放百分比

最大,为 94.96%,是最需要关注的生命周期阶段,其次为原材料获取阶段和运输阶段,分别占整个生命周期的 2.98%和 1.31%。

4. 洗碗机零部件的低碳化改进

计算出洗碗机其他零部件的全生命周期碳排放,由式(3.7)可计算出零部件的低碳化改进潜能,表 6.10 为洗碗机内胆的碳排放结果。

表 6.10　洗碗机内胆各阶段指标值

零件	$W_1k_{m,i}$	$W_2k_{p,i}$	$W_3k_{u,i}$	$W_4k_{r,i}$	k
内胆	0.149	0.001	9.496	0.006	9.652

由表 6.10 可以看出,洗碗机内胆在使用阶段的低碳化改进潜能最大。可重点考虑降低这一阶段的碳排放以进行低碳改进,如

(1) 通过增加内胆或发泡层厚度,降低洗碗机内胆在使用过程中由能耗导致的间接碳排放。

(2) 将内胆材料由不锈钢换为同样性能优良但热损失小的 PP 塑料,这样不仅能降低使用过程中的热损失,还能减轻内胆零件的质量。

6.3.2 易拆解设计

洗碗机的门体作为整个产品的重要支撑件不可缺,因此本小节将以门体的易拆解设计为例进行说明。以图 6.10 所示洗碗机门体组件结构为例,可以说明产品零部件拆解序列规划和目标件的结构深度确定方法。解释结构模型(interpretative structural modeling,ISM)是为分析复杂的系统问题而开发的一种结构表达模型,其在分析复杂系统内部各个整体之间的关系方面具有较强的优势,可用于划分复杂产品零部件之间连接关系的层次结构,其建模的过程为建立邻接矩阵、建立可达矩阵、各个要素的级别建立以及建立系统的层次结构图。

利用 ISM 来分析和表达产品零部件连接关系时无需过多的人工干预,只需明确产品零部件两两之间的连接关系类型并确定基础件即可构建零部件连接关系的有向图和邻接矩阵,进而利用相关算法构造出零部件连接关系 ISM 有向图。该有向图能清晰地表达出复杂产品零部件的连接配合关系及其层次结构,并通过对其采用约束解除的方式生成产品的拆卸序列。ISM 有向图的构建算法易于计算机实现,并可用于分析复杂产品的层次结构,能大大节省计算量和运算时间,故其对于产品拆解模型的构建、零部件结构深度的确定乃至后续的可拆解设计和评价都具有重要意义。

1. 提取连接关系

将图 6.10 所示的门体结构中各零部件 1~10 分别用 $S_1 \sim S_{10}$ 表示,提取出各零部件之间的连接关系如表 6.11 所示。获取连接关系之后,可根据洗碗机门体组

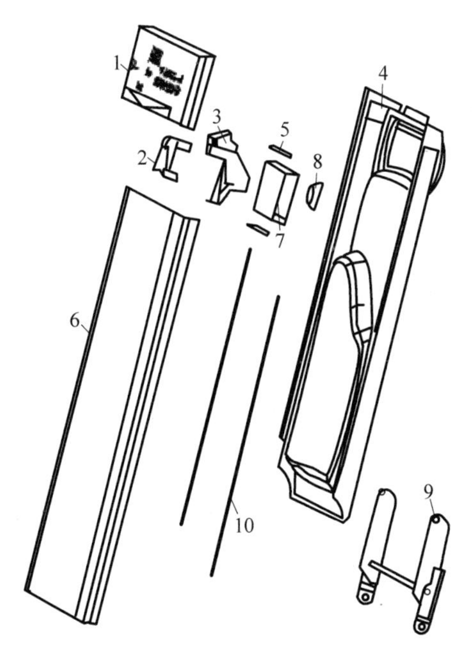

1—控制面板组件；2—锁扣夹板；3—门锁扣；4—内门板；5—分配器压条；6—外门板；7—分配器组件；8—旋钮；9—门铰链组件；10—门保护条

图 6.10　洗碗机门体爆炸图

件中各零部件间连接配合的实际情况，建立如图 6.11 所示的门体零部件连接关系有向图，同时可发现零部件间的连接关系还具有层次性。

表 6.11　洗碗机门体零部件连接关系

	S_1	S_2	S_3	S_4	S_5	S_6	S_7	S_8	S_9	S_{10}
S_1		螺纹							螺纹	螺纹
S_2			卡扣	限位	螺纹	螺纹		限位		
S_3										
S_4								螺纹		
S_5										
S_6										
S_7								卡扣		
S_8										
S_9										销
S_{10}										

根据图 6.11 所示的连接关系，可得到如表 6.12 所示的洗碗机门体零部件连接关系邻接矩阵 $\boldsymbol{A}$，进一步得到可达矩阵 $\boldsymbol{R}$，如表 6.13 所示。

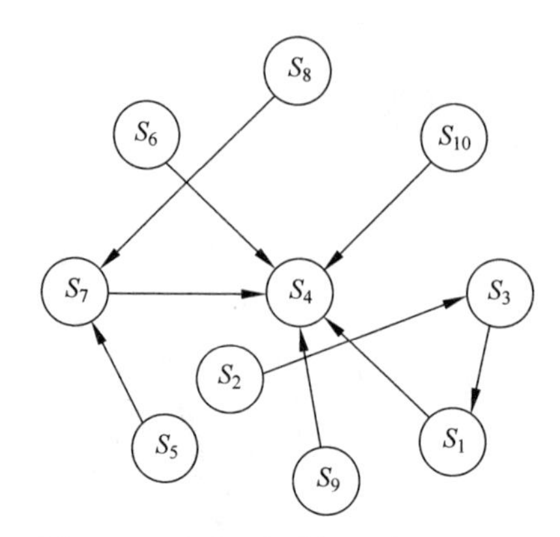

图 6.11 洗碗机门体零部件连接关系

表 6.12 洗碗机门体零部件连接关系邻接矩阵 *A*

	S_1	S_2	S_3	S_4	S_5	S_6	S_7	S_8	S_9	S_{10}
S_1	0	0	0	1	0	0	0	0	0	0
S_2	1	0	1	0	0	0	0	0	0	0
S_3	1	0	0	0	0	0	0	0	0	0
S_4	0	0	0	0	0	0	0	0	0	0
S_5	0	0	0	0	0	0	1	0	0	0
S_6	0	0	0	1	0	0	0	0	0	0
S_7	0	0	0	1	0	0	0	0	0	0
S_8	0	0	0	0	0	0	1	0	0	0
S_9	0	0	0	1	0	0	0	0	0	0
S_{10}	0	0	0	1	0	0	0	0	0	0

表 6.13 洗碗机门体零部件连接关系可达矩阵 *R*

	S_1	S_2	S_3	S_4	S_5	S_6	S_7	S_8	S_9	S_{10}
S_1	1	0	0	1	0	0	0	0	0	0
S_2	1	1	1	1	0	0	0	0	0	0
S_3	1	0	1	1	0	0	0	0	0	0
S_4	0	0	0	1	0	0	0	0	0	0
S_5	0	0	0	1	1	0	1	0	0	0
S_6	0	0	0	1	0	1	0	0	0	0
S_7	0	0	0	1	0	0	1		0	0
S_8	0	0	0	1	0	0	1	1	0	0
S_9	0	0	0	1	0	0	0	0	1	0
S_{10}	0	0	0	1	0	0	0	0	0	1

2. 构建 ISM

1）划分层次级别

得到可达矩阵 $\boldsymbol{R}$ 之后进行第一次划分以获得最高层零件，并求出可达矩阵 $\boldsymbol{R}$ 中各零件的可达集 $\boldsymbol{R}_{(si)}$、前因集 $\boldsymbol{S}_{(si)}$ 以及它们的交集，如表 6.14 所示。最后求得处于最高层零件为{4}，即{S_4}。

表 6.14　第一次划分时 R 的可达集、前因集及它们的交集

零件号	$R(S_i)$	$S(S_i)$	$R(S_i)\cap S(S_i)$
1	1,4	1,2,3	1
2	1,2,3,4	2	2
3	1,3,4	2,3	3
4	4	1,2,3,4,5,6,7,8,9,10	4
5	4,5,7	5	5
6	4,6	6	6
7	4,7	7	7
8	4,7,8	8	8
9	4,9	9	9
10	4,10	10	10

划去可达矩阵 $\boldsymbol{R}$ 中零件 S_4 所在的行和列，得到可达矩阵 $\boldsymbol{R}_1$。参照第一次划分方法进行第二次划分，求得 $\boldsymbol{R}_1$ 中各种零件的可达集 $\boldsymbol{R}(S_i)$、前因集 $\boldsymbol{S}(S_i)$以及它们的交集。处于第 2 层的零件为{1,6,7,9,10}，即{S_1,S_6,S_7,S_9,S_{10}}。划去矩阵 $\boldsymbol{R}_1$ 中零件{S_1,S_6,S_7,S_9,S_{10}}所在的行和列，$\boldsymbol{R}_1$ 变为矩阵。以此类推，可进行第三、第四次划分，直到划分完毕。得到处于第三层的零件为{S_3,S_5,S_8}，第 4 层的零件为{S_2}。至此，各层零件划分完毕。

2）构造解释结构模型有向图

首先得到了重新排列的可达矩阵为 $\boldsymbol{R}'$，如表 6.15 所示。

表 6.15　重新排列的可达矩阵

	S_1	S_2	S_3	S_4	S_5	S_6	S_7	S_8	S_9	S_{10}
S_1	1	0	0	0	0	0	0	0	0	0
S_2	1	1	0	0	0	0	0	0	0	0
S_3	1	0	1	0	0	0	0	0	0	0
S_4	1	0	0	1	0	0	0	0	0	0
S_5	1	0	0	0	1	0	0	0	0	0
S_6	1	0	0	0	0	1	0	0	0	0
S_7	1	1	0	0	0	0	1	0	0	0
S_8	1	0	1	0	0	0	0	1	0	0
S_9	1	0	1	0	0	0	0	0	1	0
S_{10}	1	1	0	0	0	0	1	0	0	1

再按照从上到下的顺序，分别排列每层所处的零件，并根据 $\boldsymbol{R}'$ 建立出如图 6.12 所示的洗碗机门体零件连接关系解释结构模型。

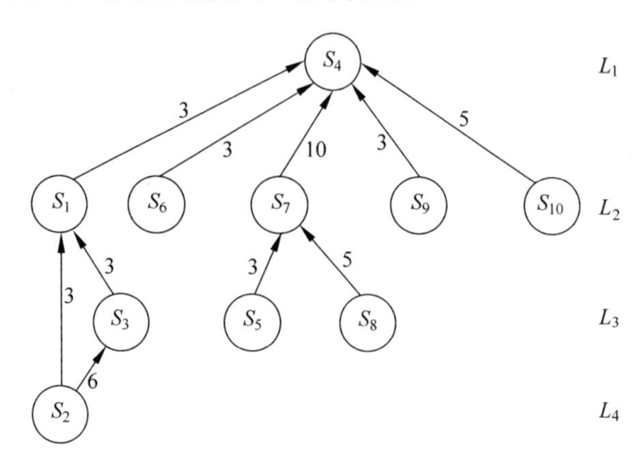

图 6.12 洗碗机门体零件连接关系 ISM

3. 生成拆解序列

首先依次将图 6.12 中处于 L_4, L_3, L_2, L_1 层的节点(零部件)信息存储于数组 $\boldsymbol{B}_4, \boldsymbol{B}_3, \boldsymbol{B}_2, \boldsymbol{B}_1$ 中，并建立空数组进行 4 次遍历，完成第 4 次遍历之后，数组 $\boldsymbol{B}_4$，$\boldsymbol{B}_3, \boldsymbol{B}_2, \boldsymbol{B}_1$ 全部为空。此时，数组是 S_1 中顺序存储的节点，表示的就是洗碗机门体的一个可行的零部件拆解序列。若想获得针对某种条件(如拆解时间、拆解经济性等)最优的拆解序列，还需要在算法中加入相关的优化方法。

4. 确定结构深度

选定内门板 S_4 为基准件，可确定洗碗机门体各零部件的结构深度值，如表 6.16 所示。

表 6.16 洗衣机门体零部件结构深度信息

零部件名称和编号	数量	结构深度
S_1	1	1
S_2	1	3
S_3	1	1
S_4	1	0
S_5	2	2
S_6	1	1
S_7	1	1
S_8	1	2
S_9	1	1
S_{10}	2	1

获得结构深度值后，根据其值的大小明确相应零部件的拆解难易程度，能够方便、快捷地确定复杂产品的结构层次，可快速、准确地完成其零部件的拆解序列规划，从中找出最难拆解的零部件及其连接结构，进而确定出零件 2 为可拆解设计（改进）的对象。